最新 怒濤の人類宇宙進出の時代

再び月へ!——2024年月着陸を目指す「アルテミス」計画

アメリカは2024年に人類を再び月に送ると発表。そのための中継基地となる月周回軌道上の宇宙ステーション「ゲートウェイ」の建設が早くもはじまる。

月に向かうSLSとオライオン宇宙船(画像:NASA)

月面で活動する宇宙飛行士(画像:NASA)

巨大ロケット&衛星コンステレーション
——激化する宇宙ビジネスの覇権争い

ワンウェブ社の衛星コンステレーション（画像:ワンウェブ）

アクシオン社が構想する商業宇宙ステーション（画像:アクシオン）

国主導から民間企業がビジネスとして宇宙に進出する時代が始まっている。宇宙商業旅行や1000を超える衛星で構成する「コンステレーション」、巨大ロケットの開発などその可能性ははかりしれない。

スペースX社の「スターシップMk1」(画像:スペースX)

ブルー・オリジン社の大型ロケット「ニュー・グレン」(画像:ブルー・オリジン)

火星へ、そしてその先へ!
――宇宙の謎を解き明かす惑星探査

月の次は火星探査&基地建設と開発のレールは既に敷かれている。そして各国はその先の外惑星へも次々と探査機を飛ばしている。地球外に生命体が存在するのか、その結論が出る日も近いはず。

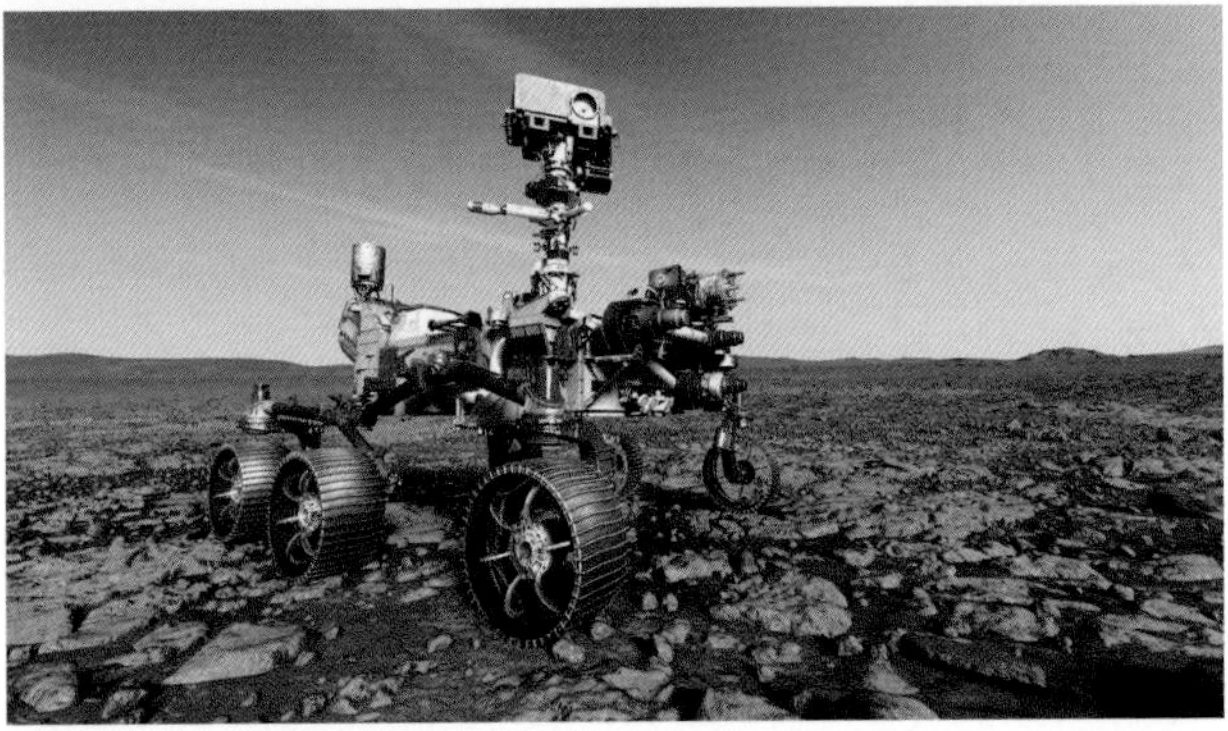

火星探査機マーズ2020(画像:NASA)

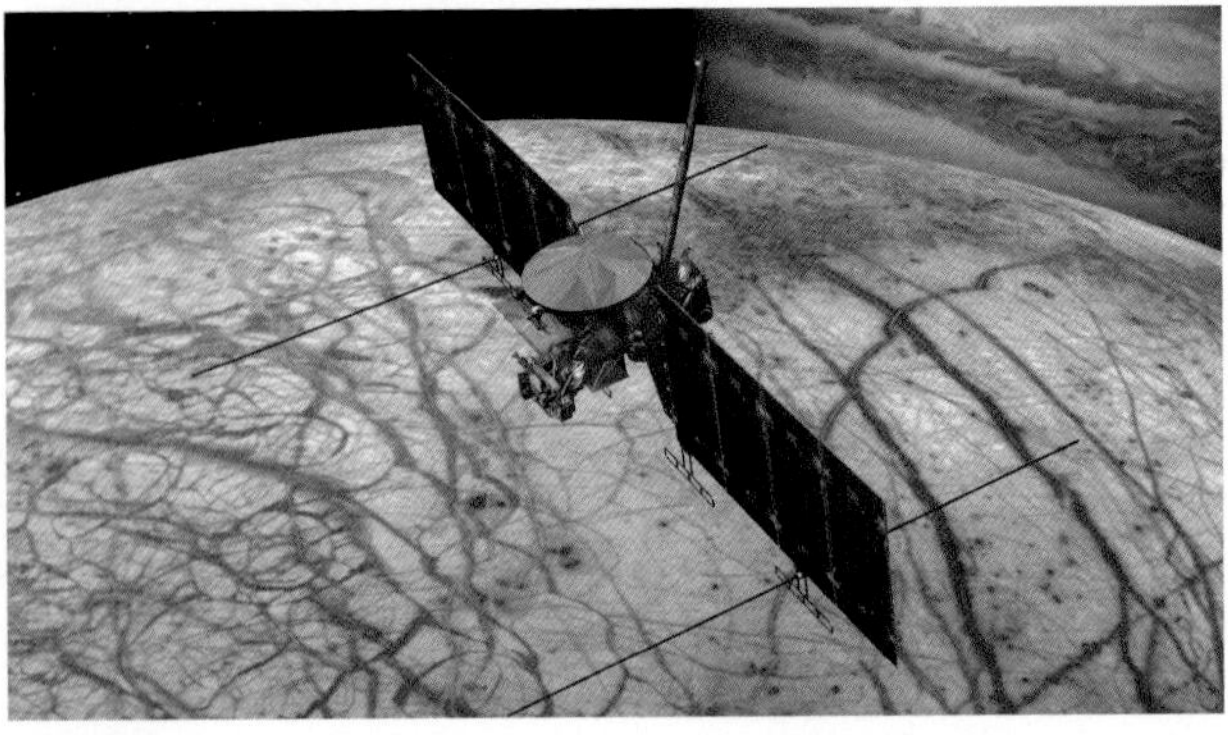

木星の衛星「エウロパ」を探査する「エウロパ・クリッパー」(画像:NASA)

宇宙開発の未来年表

寺門和夫

イースト新書Q

Q063

はじめに

世界の宇宙開発の歴史は大きく3つに分けられると、私は考えている。

最初の時代は1957年の、ソ連によるスプートニク1号の打ち上げにはじまる。東西冷戦の時代で、アメリカとソ連は宇宙でも競争を続けていた。この時代は1991年のソ連崩壊で終わる。

次の時代は国際宇宙ステーションに象徴される。アメリカ、ロシア、日本、ヨーロッパ、カナダが共同で国際宇宙ステーションの建設と運用に取り組み、日本とヨーロッパも高い宇宙技術をもつに至った。

この2番目の時代の終わりを告げる出来事が、2011年のスペースシャトルの退役であった。このあたりから、世界の宇宙開発には新たなプレーヤーが登場する。中国が有人宇宙飛行に成功し、アメリカではスペースXやブルー・オリジンのような企業が宇宙に参入してきた。

こうして今、3番目の時代がはじまっている。その特徴は多数の民間企業の参入によって、イノベーションが次々と起こり、驚くほどのスピードで物事が進んでいることである。宇宙活動が国の宇宙機関でしかできなかった時代に比べると、とんでもない様変わりが起こっているのだ。しかも、再び月を目指すアルテミス計画が、こうした動きをさらに加速させている。

誰でも宇宙へ行ける時代を実現するために、テクノロジーとビジネスの、まさに疾風怒涛の時代がはじまっている。本書では、主にアメリカの事情を中心に、宇宙開発の最前線で何が起こっているかをみていくことにする。

寺門和夫

（本書に登場する企業で特に国名の表記がない場合は、アメリカの企業です。また人名の敬称は略しました）

宇宙開発の未来年表

年	国・企業・組織	事項
2019	ヴァージン ギャラクティック社	VSSユニティ+VSSイヴの商用打ち上げ開始
	ブルー・オリジン社	「ニュー・シェパード」で有人飛行挑戦
	ワンウェブ社	衛星ネットワーク計画(衛星コンステレーションの先駆け)スタート
	イリジウム社	「イリジウムNEXT」最後の打ち上げで小型衛星75機が軌道上に
	スペースX	「スターリンク計画」で小型衛星60機打ち上げ、最終的には1万2千機体制を目指す
	中国	「嫦娥4号」月面上を探索
	アメリカ	宇宙軍創設
	インド	月探査計画「チャンドラヤーン2号」が月周回軌道投入(着陸機は失敗)
2020	ロシア	新ロケット射場「ボストーチヌイ」の打ち上げ開始
	ESA+ロシア	火星探査計画「エクソマーズ2020」実施
	ESA	「アリアン6」試験打ち上げ
	日本	自衛隊に宇宙作戦隊発足
	日本	「はやぶさ2」の標本採集カプセル回収
	日本	H3ロケット第1回試験打ち上げ
	NASA+ESA	「マーズ2020」計画で新ローバー火星着陸
	NASA	巨大ロケットSLS(スペース・ローンチ・システム)の初打ち上げ
	NASA	「アルテミス計画」SLSとオライオン宇宙船による無人月周回ミッション
	インド	金星探査ミッション「アディティヤL1」打ち上げ
	中国	「嫦娥5号」打ち上げ

年	主体	内容
	中国	「火星探査」「宇宙ステーション」計画の打ち上げ開始
	中国	衛星測位システム「北斗」本格運用開始
	アストロスケール社（日本）	宇宙でデブリ除去の技術実証ミッション「ELSA-D」打ち上げ
2021	ビゲロー社	宇宙ホテル打ち上げ
	スペースX	宇宙船「スターシップ」＋ロケット「スーパー・ヘヴィー」初の商業打ち上げ
	NASA	ジェイムズ・ウェッブ宇宙望遠鏡（ハッブル宇宙望遠鏡後継機）打ち上げ
	ワンウェブ社	衛星コンステレーション本格化。衛星648機を宇宙軌道に投入
	ユナイテッド・ローンチ・アライアンス社	次世代大型ロケット「ヴァルカン」打ち上げ
	リンク・スペース社（中国）	軌道打ち上げロケット「NewLine-1」打ち上げ
	アイ・スペース社（日本）	月面探査ミッション「HAKUTO-R」月面着陸
	日本＋ESA	「ひとみ」の後継X線天文衛星「XRIZM」打ち上げ
	日本	無人月面探査機・着陸機「SLIM」を「XRIZM」と相乗りで打ち上げ
	日本	H3ロケット運用開始
	ロシア＋スペースアドベンチャーズ社	商業宇宙旅行再開。国際宇宙ステーション（ISS）に民間宇宙客滞在
2022	NASA	月の周回軌道上に宇宙ステーション「ゲートウェイ」組み立て開始
	NASA	「オライオン計画」有人月周回達成
	ワンウェブ社	光ファイバー並みの衛星インターネット利用で学校オンライン化開始
	ノースロップ・グラマン社	3段式大型ロケット「オメガA」運用開始
	アクシオン社	独自の民間宇宙ステーション打ち上げ開始
	オリオン・スパン社	独自の宇宙ホテル「オーロラ・ステーション」運用開始
	中国	独自の宇宙ステーション運用開始

2022	ESA・NASA・日本	木星の衛星ガニメデ周回衛星「ジュース（JUICE）」打ち上げ
	アクセルスペース社（日本）	小型衛星50機体制で地球観測サービスの運用開始
	インド	「マーズ・オービター・ミッション2」火星に無人探査機を着陸
	インド	火星有人着陸を目指す「ガガンヤーン・ミッション」開始
2023	日本	測位（準天頂）衛星システム「みちびき」7機体制に。GPSの誤差数cmレベルを実現
	インド・日本	月探査計画「チャンドラヤーン」3号ミッション。インドが着陸機を日本が月面探査車・ロケットを担当
	アイスペース社（日本）	月面探査ミッション「HAKUTO-R」月面着陸&探査開始
	ロシア	独自の宇宙ステーション建設
	NASA	木星の衛星エウロパ探査機「エウロパ・クリッパー」打ち上げ
	NASA	月面探査用の宇宙服を国際宇宙ステーションでテスト
	スペースX社	スターシップで月飛行実施
2024	NASA	「ゲートウェイ計画」ミニマムセット建設完了し運行開始
	NASA	「アルテミス計画」有人月着陸を果たす
	NASA	「パーカー・ソーラー・プローブ」太陽に最接近
	NASA	国際宇宙ステーション（ISS）のサポート終了。運営を民間に移譲
	日本＋ドイツ＋フランス	火星衛星探査計画「MMX」打ち上げ。
	ブルーオリジン社	月面着陸船「ブルー・ムーン」を宇宙飛行士の月着陸に運用
2025	日本＋ドイツ＋フランス	「MMX」火星到着。火星の衛星フォボスかダイモスに着陸。地表サンプルを採集
2026	ESA・カナダ・日本	月探査計画「ヘラクレス」開始
	NASA	「ニュー・フロンティア計画」土星の衛星探査機「ドラゴンフライ」打ち上げ
2027	JAXA＋トヨタ（日本）	燃料電池車技術を用いた月面でのモビリティ「有人与圧ローバー」実機の制作・検証開始
2028	NASA	「ゲートウェイ」最後のモジュール（ESA製作）取り付け。「ゲートウェイ」完成
	NASA	月面に活動拠点を設置

	中国	「嫦娥」計画で有人月着陸
	ロシア	超大型ロケット「エニセイ」打ち上げ
2029	日本＋ドイツ＋フランス	「MMX」地球に帰還。採集サンプル回収
	JAXA＋トヨタ（日本）	「有人与圧ローバー」打ち上げ
	NASA	深宇宙輸送計画（ゲートウェイからの有人火星往復）スタート
	ビゲロー社	月周回軌道上で宇宙ステーション（宇宙ホテル）運営開始
2030	ESA・NASA・日本	「ジュース」木星に到達
	ロシア	月面基地建設開始
	NASA	火星の有人探査計画実施（火星長期滞在も可能に）
	日本	日本人宇宙飛行士がゲートウェイ経由で初の月面着陸
	中国	中国版スペースシャトル試験飛行
	NASA	土星の衛星探査機「ドラゴンフライ」土星の衛星タイタンに到達
2033	日本	有人宇宙輸送システム運用開始
2034	NASA	土星探査機「ドラゴンフライ」が土星の衛星タイタンに到着
2035	NASA	新型宇宙船＋ロケット「SLS」が火星有人飛行＆探査
2030年代	NASA＋民間企業	月面基地で民間人旅行者の滞在受け入れ開始
2040	日本	日本の有人宇宙基地建設
	世界	「月面都市」が発展。一般の月旅行者が急増（年間1万人レベルとも）
2045	中国	月面基地から火星へ有人探査機打ち上げ
2050	日本	宇宙エレベーター実現（大林組の構想）
2056～2115	スペースX	火星に人口1万にレベルの都市を建設
2117	UAE	火星都市「火星2117」建設

●目次

第2章　2024年、アメリカが再び月着陸を目指す「アルテミス計画」

第3章　人工衛星は「コンステレーション」の時代へ

第4章　大型ロケットも小型ロケットも群雄割拠の時代に

第5章 独自の路線で開発を進める宇宙新興国

第6章 宇宙と安全保障

第1章

2020年は宇宙観光元年

サブオービタル宇宙旅行から宇宙ホテル、そして商業宇宙ステーションへ

加速度的に進む宇宙観光ビジネス

宇宙空間はもはや限られた国が活動する領域ではなく、活発なビジネスの場となっている。その象徴的存在が「宇宙観光旅行」であろう。しばらく前まで、そんな時代がくるのはずっと先と思われていたが、2020年は「宇宙観光元年」となり、民間の宇宙船による宇宙旅行が本格化することになる。

世界初の商業宇宙旅行実現に挑んできたのは、ヴァージン・ギャラクティック社である。同社はヴァージン・アトランティック航空（1984年創立）の創業者リチャード・ブランソンが2004年に立ち上げた企業で、2020年には最初の商業飛行を行う予定になっている。

ヴァージン・ギャラクティック社が行おうとしている宇宙飛行はサブオービタル飛行（弾道飛行）である。放物線の軌道で地上から高度約100㎞の宇宙空間まで達し、その後、地上に戻ってくる。宇宙空間で無重力環境を体験できるのは約5分間だが、乗客は宇宙からの風景を満喫できるであろう。料金は3000万円弱とされ、すでに多くの人が予約し

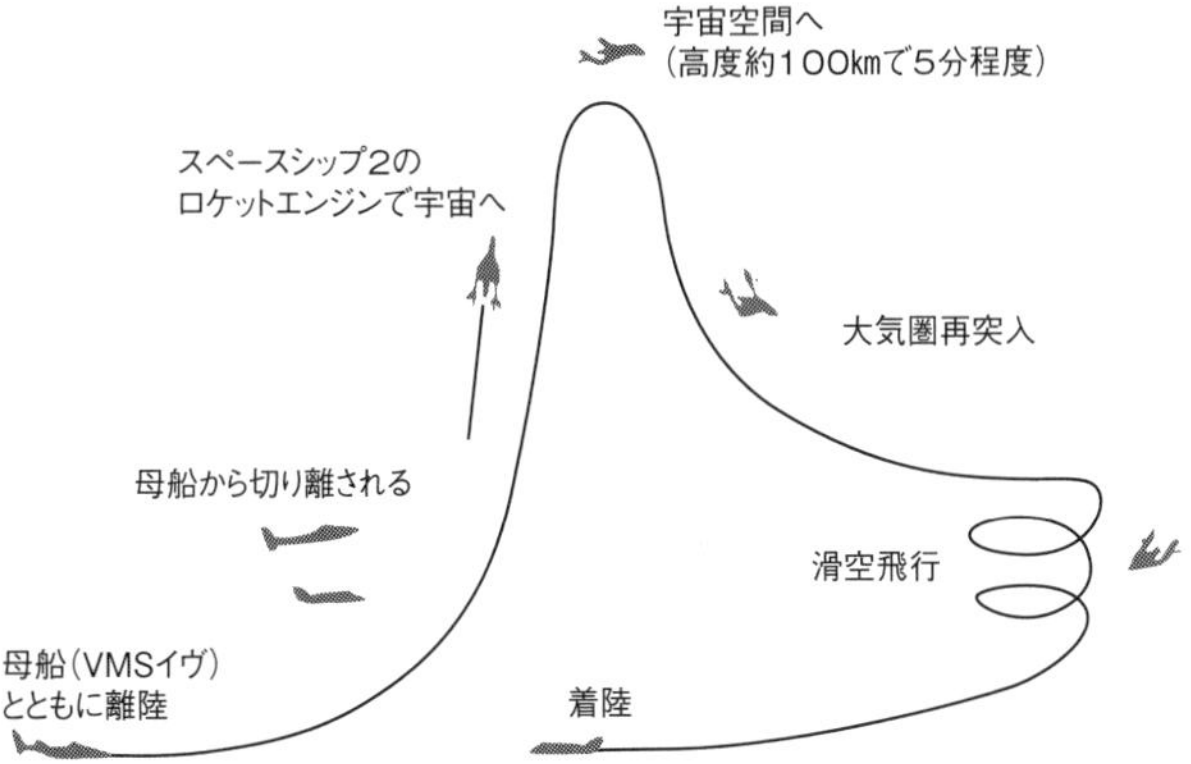

ヴァージン・ギャラクティック社のサブオービタル飛行のイメージ(資料:ヴァージン・ギャラクティック)

ているという。

宇宙飛行に用いられる宇宙船は、同社が開発してきた「スペースシップ2」である。スペースシップ2は有翼の宇宙機で、1号機は事故で失われてしまったが、2号機の「VSSユニティ」がすでに試験飛行を行っており、実際の飛行に用いられる予定である。同社は現在3号機も製作中である。VSSユニティの定員は6名である。

VSSユニティを打ち上げるのはロケットではなく、双胴の巨大な飛行機「VMSイヴ」である。VSSユニティはVMSイヴに懸吊《けんちょう》され、高度15㎞あたりまで上昇後、母船のVMSイヴから切り離され、自らのロケットエンジンで宇宙空間に達する。帰還時は滑

ヴァージン・ギャラクティック社のVSSユニティ（画像:ヴァージン・ギャラクティック）

空して着陸する。

ヴァージン・ギャラクティック社はカリフォルニア州モハーヴェで宇宙機の開発や飛行試験を行ってきたが、宇宙旅行の出発地はニューメキシコ州に建設されたスペースポート・アメリカという宇宙港である。モハーヴェでは「スペースシップ2」3号機や母機2号機の製造を行うことになっている。

ブランソンは昔から宇宙が好きで、どうしても宇宙に行きたいと考えていたことはよく知られている。自分自身が最初の商業宇宙旅行の乗客になるつもりのようだ。2019年7月16日は、アポロ11号打ち上げ50周年の日だったが、実はこの日にブランソンがVSSユニティに乗って、最初の商業宇宙飛行を行う予定であったという。実現はしなかったが、おそらく2020年には夢を実現することになるであろう。

ただし、当然のことながらブランソン自身はサブオービタル飛行にとどまることなく、その先を考えている。その目標は、ヴァージン社が世界初の「宇宙エアライン」となることである。コンコルドはパリ～ニューヨーク間を2時間59分で飛行したが、宇宙空間を飛行するスペースプレーンであれば、飛行時間はもっと短くなる。東京～ニューヨーク間を2時間で飛ぶことができ、大陸間の移動は今より格段に容易になる。

軌道上の宇宙ステーションと地上を結ぶ路線や、将来は月と地球を結ぶ路線も大きな可能性をもっている。

ブルー・オリジン社も商業宇宙旅行を目指す

アマゾン・ドットコム（以下アマゾン）創業者のジェフ・ベゾスが創設したブルー・オリジン社もサブオービタルの商業宇宙旅行を目指しており、こちらも２０２０年の初飛行を予定している。

ブルー・オリジン社は「ニュー・シェパード」とよばれるロケットを開発しており、このロケットで6人乗りの宇宙船を高度100kmまで打ち上げる計画である。無重力状態を体験できるのはやはり5分間ほど。乗客は窓から青い地球を眺めることができる。旅行料金は3000万円程度。

ニュー・シェパードというロケットの名前は、1961年にアメリカ初の宇宙飛行を行ったアラン・シェパードにちなんでいる。マーキュリー宇宙船によるシェパードの飛行は弾道飛行で、飛行時間は約15分であった。ブルー・オリジン社ではさらに大型のロケット、「ニュー・グレン」も開発している。こち

サブオービタル飛行用の宇宙船を搭載したブルー・オリジン社のニュー・シェパード（画像:ブルー・オリジン）

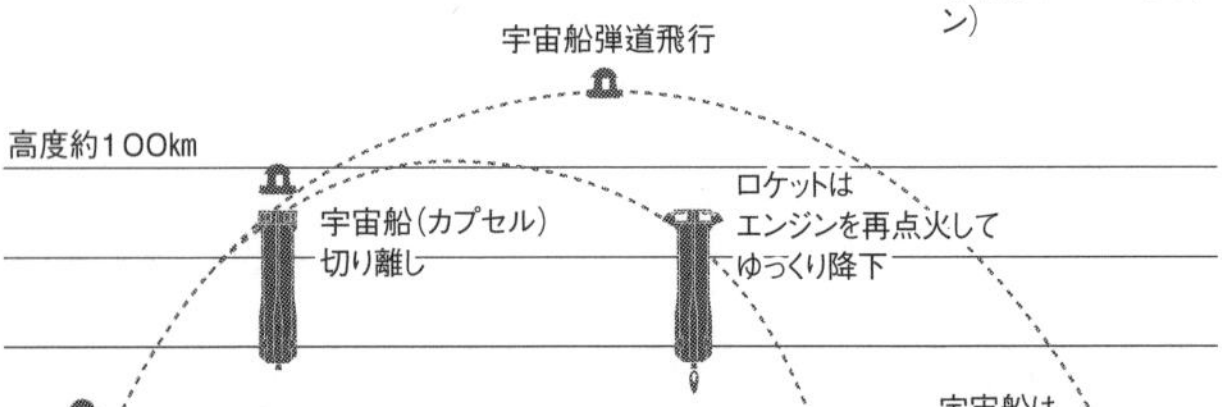

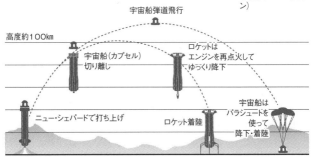

ブルー・オリジン社ニュー・シェパードのフライトイメージ（資料:ブルー・オリジン）

国際宇宙ステーション（ISS）（画像:NASA）

らは、1962年にアメリカ初の地球周回飛行を行ったジョン・グレンにちなんでいる。ニュー・グレンは人工衛星、惑星探査機、有人宇宙船の打ち上げなどに用いられる予定である。

国際宇宙ステーションに滞在

サブオービタルの宇宙観光旅行であれば、お金を払えば宇宙に行けるという時代がはじまっている。次の目標は地球周回軌道への観光旅行ということになる。これに関しては、すでに実例は多くある。

1990年、当時TBSの社員だった秋山豊寛はお金を払って宇宙に行った最初の民間旅行者となった。行き先は旧ソ連の宇宙ステーション、ミール。搭乗した宇宙船はソユーズであった。当時、ソ連は外貨獲得のために「宇宙旅行者」を何度か受け入れていた。1991年のソ連崩壊後、ロシアは国際宇宙ステーション（ISS）計画に参加した。ロシアは国際宇宙ステーションにも宇宙旅行者をソユーズ宇宙船で運んでいる。その最初となったのはアメリカの大富豪デニス・チトーであった。2001年のことで、宇宙滞在日数は8日間であった。旅行費用は20億円ともいわれている。その後、2001年から2009年にかけて、7人の民間人が国際宇宙ステーションに滞在している。

国際宇宙ステーションへの滞在はしばらくなかったが、ロシアは2021年に2人の旅行者を国際宇宙ステーションに運ぶことを発表している。また、NASAは2020年以降、国際宇宙ステーションに民間の旅行者が滞在することを認める方針を発表している。国際宇宙ステーションまで乗客を運ぶ宇宙船は、後述するボーイング社の「スターライナー」やスペースX社の「クルー・ドラゴン」である。運賃は約60億円とされている。

このように国際宇宙ステーションに滞在する宇宙旅行ももうすぐはじまるということになる。

ボーイング社のスターライナー（CST-100）（画像:ボーイング）

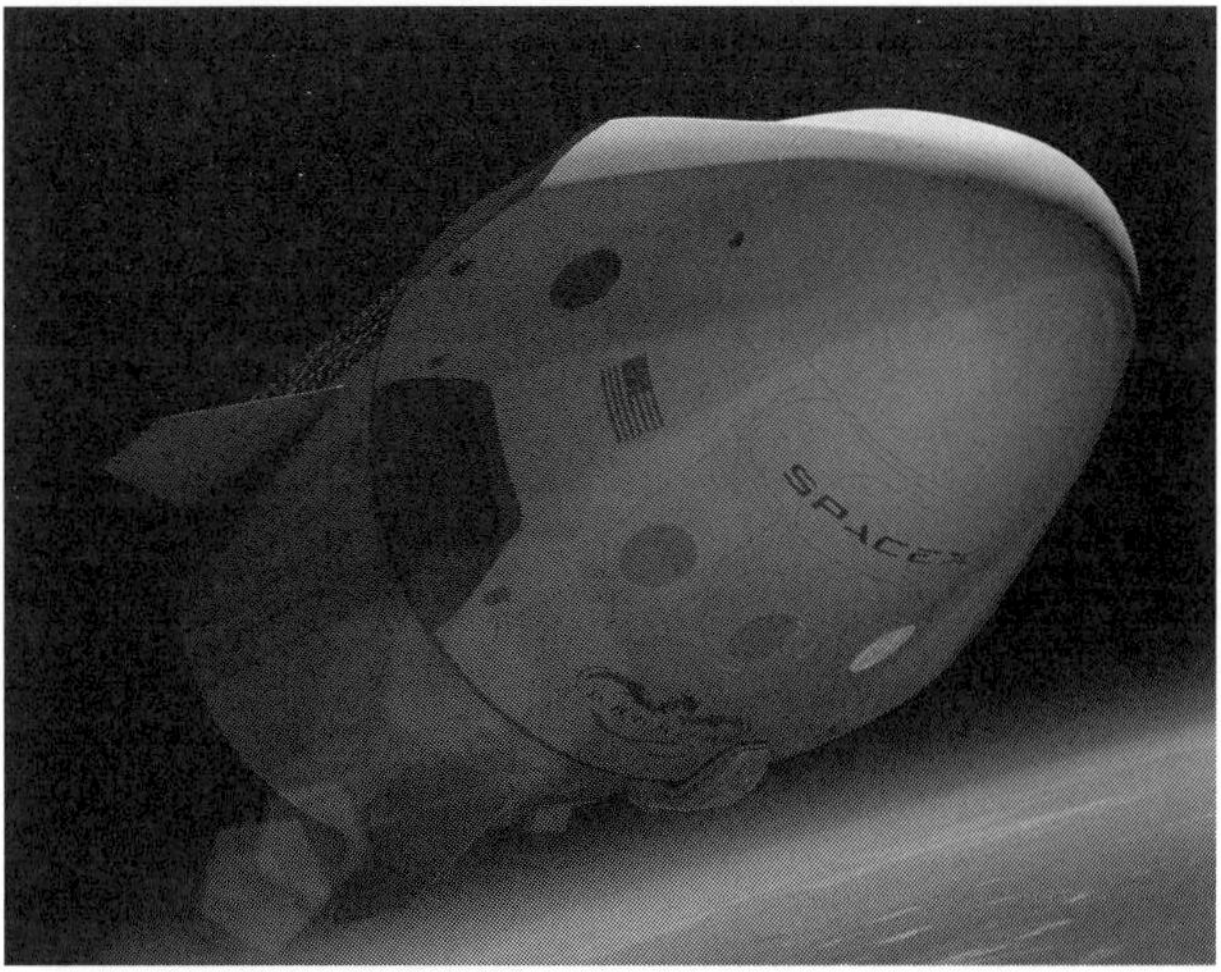

スペースX社のクルー・ドラゴン（画像:スペースX）

宇宙ホテル実現へ

国際宇宙ステーションはアメリカ、ロシア、日本、ヨーロッパ（ESA「ヨーロッパ宇宙機関」）、カナダによって建設され、運用されている。現在、2024年までの運用が合意されている。国際宇宙ステーションはその後も運用されるが、2025年以降はかなり民間が入った形での運用になるとみられる。そうなると、現在は科学研究にしか使われていない国際宇宙ステーションが「宇宙ホテル」として使われることになるであろう。

アメリカのホテル王、ロバート・ビゲローが立ち上げたビゲロー・エアロスペース社は、すでに宇宙ホテルの原型ともいえるモジュールを国際宇宙ステーションに設置し、試験を行っている。このモジュールは「BEAM」とよばれ、インフレータブル構造という方式をとっていることが特徴である。金属ではなく、樹脂をベースにした構造で、宇宙まで畳んだ状態で運び、軌道上で膨らまして硬化させるというものである。このインフレータブル構造はNASAが開発した技術で、ビゲローはこの技術を購入して開発を続けてきた。BEAMが国際宇宙ステーションに取り付けられたのは2016年のことで、以降、性能

国際宇宙ステーションに結合したビゲロー・エアロスペース社のB330の想像図（画像:ビゲロー・エアロスペース）

の評価試験が行われた。宇宙飛行士が室内に入っても問題はなく、安全性が確認されている。

ＢＥＡＭの容積は約16㎥であるが、ビゲロー社は２０２１年にこれよりも大きな「Ｂ３３０」というモジュールを2基完成させる予定である。Ｂ３３０の容積は３３０㎥ある。Ｂ３３０はＢＥＡＭと交換して国際宇宙ステーションに結合され、宇宙ホテルとして利用される可能性がある。また、同社はＢ３３０よりもさらに容量の大きいモジュールも開発している。国際宇宙ステーションもいずれは運用を終え、廃棄される時がくるが、そうなった場合には、こうしたモジュールは独自の宇宙ステーションとなり、宇宙ホテルや科学実験モジュールとして利用される。さらには月周回軌道の居住モジュールや月面基地としても利用が可能になる。

ビゲロー社はこうした自らの宇宙ステーションの運用を目的とするビゲロー・スペース・オペレーションズ社も設立している。ビゲロー・スペース・オペレーションズ社は2019年に、1人あたり5200万ドル(約56億円)で国際宇宙ステーションに行く宇宙旅行計画を発表している。国際宇宙ステーションに行くためにはスペースX社のクルー・ドラゴンを使う予定で、すでにクルー・ドラゴンのチャーター便4回分を予約している。ビゲロー社は、当初は国際宇宙ステーションを使用するが、最終的には自分たちで「宇宙ホテル」をつくり、そこにクルー・ドラゴンでゲストを運ぶことを考えているわけだ。将来的には月を周回する宇宙ステーションもつくろうとしている。

アクシオン・スペース社も宇宙ホテルを計画

ビゲロー社以外にも、宇宙ホテルや独自の宇宙ステーション建設を目指している企業は多い。その代表格がアクシオン・スペース社(以下アクシオン社)である。同社のCEO

アクシオン社が構想する商業宇宙ステーション（画像:アクシオン・スペース）

のマイケル・サフレディーニは、もともとＮＡＳＡで国際宇宙ステーション計画にかかわっていたが、自らの宇宙ステーションをつくりたいと考えてＮＡＳＡを飛び出した人物である。アクシオン社はビジネスを3段階に分けて考えているようだ。

第1段階は、国際宇宙ステーションに旅行客を送りこみ、宇宙でのオペレーションのノウハウを蓄積する段階である。同社は国際宇宙ステーションに10日間滞在する宇宙旅行を2020年に実施すると発表している。費用は約60億円。国際宇宙ステーションまでの往復料金、宇宙での滞在費用、15週間の地上トレーニング料金を含んでいる。第2段階では、同社の開発したモジュール「アクシオン・ステーション」を国際宇宙ステーションに結合し、宇宙ホテルとして運用する。国際宇宙ステーションへの結合は2023年を予定している。このアクシオン・ステーションは国際宇宙ステーションが運用を停止するまで結合しており、その間にさまざまな機能が追加される。国際宇宙ステーションの運用終了後、アクシオン・ステーションは切り離され、太陽電池パネルなどを追加し、独自の宇宙ステーションとして活動をはじめることになる。

最近では宇宙ホテルを目指すベンチャーも登場している。オリオン・スパン社は独自の宇宙ホテル「オーロラ・ステーション」を開発中で、2021年に打ち上げ、2022年までに運用開始を目指している。オーロラ・ステーションでの滞在費用は約10億円。2人のクルーと4人のゲストが滞在可能という。

スペースX社は月旅行を目指す

月に行く旅行もビジネスになりつつある。イーロン・マスクがひきいるスペースX社の計画で、ZOZOの前社長前澤友作が申し込んだことで話題になった。この場合の月飛行は、月の裏側をまわって帰ってくる軌道をとる。自由帰還軌道といわれるもので、打ち上

大気圏に再突入するスペースX社のスターシップ（画像:スペースX）

げ後の軌道修正でこの軌道に入れば、そのまま地球に戻ってくることができる。月を周回したり、月面に降りたりするわけではない。

マスクはこの飛行のために巨大なロケットを開発していると以前から述べていた。「ＢＦＲ（ビッグ・ファルコン・ロケット）」などとよばれていたロケットである。この巨大月ロケットがどのようなものか、よくわかっていなかったが、最近、その全容が明らかになってきた。

それによると、乗客が乗る宇宙船は「スターシップ」とよばれ、直径９ｍ、全長は50ｍもあり、１００人が搭乗可能。スターシップには6基のラプター・エンジンがついている。ラプター・エンジンはスペースXが開発中の新型エンジンで、メタンと液体酸素を推進剤にしている。スターシップを宇宙に運ぶロケットは「スーパー・ヘヴィー」とよばれ、直径9m、全長68m、37基のラプター・エンジンが使われるという。上段のスターシップと下段のスーパー・ヘヴィーが結合すると、全長が120m近い巨大なロケットとなる。

スペースX社はスターシップのデモ機「スターシップ・ホッパー」の飛行試験を終えている。現在はスターシップのプロトタイプとなるMk1とMk2を製作中で、2020年にはこれらの飛行試験を行う予定。スターシップは2021年には商業飛行を開始し、2023年に月飛行を行う予定とのことである。マスクはこのスターシップを火星への飛行にも用いるとしている。

低軌道は民間にまかせるというアメリカの政策

こうした活発な民間企業の動きの背景にあるのは、宇宙ビジネスを活性化させようとするアメリカの政策である。スペースシャトルの時代を経た今、地球を周回する低軌道での活動は民間企業にまかせようというのが基本的なスタンスである。トランプ大統領とペンス副大統領は大統領選挙中から、宇宙ビジネスの振興を強調していた。トランプ政権発足後も、「プライベート・セクターとの協力関係」は宇宙政策の大きな柱となっている。

こうした政策は、もともとジョージ・ブッシュ大統領の時代（２００１〜２００９年）にはじまっている。２００３年にスペースシャトル「コロンビア」が地球帰還時に空中分解し、乗員7名の命が失われる事故があった。スペースシャトルはその後、２年5か月、運行を停止した。ＮＡＳＡはそれまでに次世代スペースシャトルの開発を2度試みたが、いずれも失敗に終わった。そこでブッシュ大統領は、当時建設途上であった国際宇宙ステーションの完成とともにスペースシャトルを退役させ、以後はアメリカの民間企業が開発した宇宙船でクルーを運ぶという方針を打ち出したのである。スペースシャトルの最終便は２０１１年の「ＳＴＳ（Space Transportation System）－１３５」で、以後、アメリカは国際宇宙ステーションへのクルー輸送をロシアのソユーズ宇宙船に頼ることになった。

こうした中、ＮＡＳＡは2つの計画をスタートさせた。1つ目は、国際宇宙ステーションへの物資補給を民間の宇宙船で行うための計画ＣＯＴＳ（Commercial Orbital Transportation Services）で、２００6年に開始された。この計画ではスペースX社の宇宙船「クルー・ドラゴン」とオービタル・サイエンシズ社（当時。現ノースロップ・グラマン・イノベーション・システムズ社）の宇宙船「シグナス」が選定された。ドラゴンは２０１２年から、シグナスは２０１３年から国際宇宙ステーションへの補給サービスを行っている。

２つ目は民間の有人宇宙船による国際宇宙ステーションへのクルー輸送を実現するための計画ＣＣＰ（Commercial Crew Program）である。ＣＣＰはスペースシャトルが退役する前年の２０１０年にスタートした。ＣＣＰの下、２０１２年にボーイング社のＣＳＴ－１００、スペースＸ社のクルー・ドラゴン（ドラゴンv2）、シエラ・ネヴァダ社のドリーム・チェイサーの３つが選定された。しかし、２０１４年に行われた最終選定で残ったのは、ＣＳＴ－１００とクルー・ドラゴンで、ドリーム・チェイサーは最後の関門を突破することができなかった。

ＣＳＴ－１００（現在は「スターライナー」と命名されている）とクルー・ドラゴンは２０２０年には国際宇宙ステーションへのクルー輸送を開始することになっている。アメリカの宇宙飛行士がアメリカの国土から、アメリカの宇宙船で宇宙に向かう時代が再びはじまるわけである。

ＮＡＳＡがこれらの計画で用いた手法は、開発の各段階で企業と契約を結び、企業が宇宙船を開発する能力を段階的に高めていくという手法である。ＮＡＳＡは資金を提供するが、企業側も資金を投入し、双方が協力しながら開発を進めていく。スペースX社が短期間に巨大宇宙企業となった要因の1つは、このようなNASAの共同開発プログラムにある。新しい宇宙船を自己資金と自己技術だけで開発するのは、かなりリスクが高い。新たな宇宙産業を育成するというNASAの手法が成功した事例といえる。

CCPで選から漏れたシエラ・ネバダ社のドリーム・チェイサーの開発は、その後も続けられた。NASAは2019年から2024年までの国際宇宙ステーションへの物資補給を行うCRS－2（Commercial Resupply Services 2）で、ドラゴン宇宙船のスペースX社、シグナス宇宙船のオービタルATK社（当時。前オービタル・サイエンシズ社。現ノースロップ・グラマン・イノベーション・システムズ社）に加え、シエラ・ネヴァダ社とも契約を結んだ。これにより、無人型のドリーム・チェイサーが少なくとも6回の補給サービスを行うことになったのである。シエラ・ネヴァダ社は有人型のドリーム・チェイサーの開発も継続している。同社によると、無人型と有人型では機体システムの85％は共通とのことで、国際宇宙ステーションへの補給サービスは、有人型ドリーム・チェイサーの実現にとって大きなステップになると思われる。

スターライナーやクルー・ドラゴンが飛行を開始すれば、それらはNASAのミッショ

ドリーム・チェイサー（有人型）（画像:シエラ・ネヴァダ）

ン以外にも利用されることになる。近い将来、アメリカには2種類の宇宙船が、さらにしばらくすればドリーム・チェイサーも加わり、3種類の商業宇宙船が地上と低軌道を往復する時代になるわけだ。宇宙へのアクセスは格段に容易になる。サブオービタルの宇宙旅行はあっという間に終わり、より本格的な宇宙観光の時代がはじまることになるだろう。観光以外の分野でも、宇宙の商業化が加速度的に進むことになる。

ＮＡＳＡは低軌道の活動を民間にまかせ、国家がなすべき事業として月や火星の探査に活動をシフトさせつつある。低軌道で今後開拓すべき事業は非常に多い。したがって、今、低軌道上には大きなビジネスチャンスが到来しているのである。アメリカの既存の宇宙企業や新たに宇宙に参入してきた企業は、この機会を逃すまいと動き出している。宇宙という巨大マーケットで勝利するのは誰か？　宇宙を舞台にした壮大なビジネス戦争がはじまっているのである。

商業宇宙ステーションの時代へ

国際宇宙ステーションは、アメリカ、日本、ヨーロッパ、ロシア、カナダが国同士の条約を結んで建設し、運用している。今のところ、２０２４年まで運用することが合意されている。

耐用年数からすると、国際宇宙ステーション自体は少なくとも２０２８年まではなんの問題もなく運用でき、さらにその先の利用も可能と考えられている。したがって、２０２４年で国際宇宙ステーションがなくなってしまうことはない。２０２５年以降も運用は続けられる。ただし、２０２５年以降は民間をパートナーに含めた、これまでとは異なる形態で運用されることになるであろう。

アメリカはすでに国際宇宙ステーションの民間への開放を方針として発表しており、アメリカの区画に関しては、２０２５年を待たずに、民間が積極的に利用することになると思われる。このような方針があるからこそ、ビゲロー社やアクシオン社が考えている国際宇宙ステーションに宇宙ホテルを設置するといったビジネスが可能になるわけである。

しかしながら、いずれは国際宇宙ステーションが運用を終了する時期がくる。その後は、民間企業が運用する商業宇宙ステーションの時代となる。ビゲロー社やアクシオン社も実はそこを見据えている。国際宇宙ステーションに結合させた宇宙ホテルで資金を回収するとともに、宇宙ステーション運用の技術やノウハウを蓄積しようとしているわけだ。

国際宇宙ステーション運用終了後の商業宇宙ステーションの用途は、宇宙ホテルにとどまることはなく、科学実験、技術開発、月での活動の支援など多様である。そのような時代をつくるために、現状の国際宇宙ステーションは重要なテストベッドとなる。

ビゲロー社やアクシオン社以外の企業も、同じようなプロセスで商業宇宙ステーションを建設することを考えている。

ボーイング社の構想も、最初は国際宇宙ステーションに結合する居住モジュールを開発することからはじまる。その後、クルーが居住可能な小規模のフリー・フライヤー（多目的プラットフォーム）を開発。これに段階的にモジュールを結合させ、最終的に大規模な多機能プラットフォームを建造することとしている。

ノースロップ・グラマン社の構想は、現在国際宇宙ステーションに物資を補給しているシグナス宇宙船をベースに開発した長期間利用可能なモジュールを使用する。クルーの居住を可能にした機能拡張モジュールを２０２２年には国際宇宙ステーションに結合することを考えている。２０２５年以降は国際宇宙ステーションから独立して、各種モジュールを結合した宇宙ステーションを建設する。

一方、これらとは少し違った方法で商業宇宙ステーションを実現しようと考えている企業もある。

国際宇宙ステーションに超小型衛星放出用のエアロックを設置したナノラック社が構想している宇宙ステーション・モジュール「イクシオン」は、衛星打ち上げロケットの上段を利用するものである。人工衛星の軌道投入時にはロケットの上段も軌道にとどまることになる。最近ではスペースデブリ（宇宙ごみ）を増やさないため、ロケット上段は制御落下させてしまうが、ナノラック社はたとえばアトラス5型や間もなく打ち上げを開始するヴァルカン・ロケットの上段にＥＣＬＳＳ（環境抑制制御・生命維持システム）など、宇宙での居住に必要な機能を追加する。このモジュールは国際宇宙ステーションに結合して使用することもできるし、単独でも利用できる。

ブルー・オリジン社は、同社のロケット、ニュー・グレンの上段を利用した居住モジュールのアイデアを発表している。

シエラ・ネヴァダ社は、同社のドリーム・チェイサーのカーゴ・モジュールやインフレータブル構造などを組み合わせた宇宙ステーションの構想を発表している。

こうした各企業の商業宇宙ステーションへの動きは、ＮＡＳＡが低軌道の商業化を推進する上で非常に大きな意味をもっている。

かつて宇宙輸送をになっていたスペースシャトルは商業宇宙船にとってかわられ、宇宙空間に居住空間を提供していた国際宇宙ステーションは商業宇宙ステーションへと交代していく。低軌道においては、ＮＡＳＡは宇宙インフラの提供者ではなく、利用者となる時代が訪れているのである。

商業宇宙輸送に新たに参入してくる企業もあるであろう。日本ではＰＤエアロスペース社とスペースウォーカー社が宇宙機の開発と宇宙輸送に取り組んでいる。

第2章

2024年、アメリカが再び月着陸を目指す「アルテミス計画」

再び月へ

2019年は、アポロ11号による人類初の月着陸から50年目にあたっていた。1969年7月20日、アポロ11号の月着陸船「イーグル」は「静かの海」に着陸し、ニール・アームストロングとエドウィン・オルドリンが月面に立ったのである。アポロ計画は合計6回の月着陸に成功し、1972年に終了した。その後、人類は月面を訪れていない。

アポロ11号の偉業から50年目のこの年、アメリカは再び月に戻る計画をスタートさせた。2019年3月26日、アメリカのペンス副大統領は国家宇宙会議で、「アメリカは5年以内にアメリカの宇宙飛行士を月面に戻す」と宣言したのである。後述するように、NASAはすでに有人月着陸のための宇宙船「オライオン」と巨大ロケットSLS（スペース・ローンチ・システム）の開発を進めていたが、ここに2024年の月着陸を目指した「アルテミス計画」が始動することになった。

ふたたび月に戻るというアメリカの計画は、突然出てきたわけではない。ブッシュ大統領の時代（2001年～2009年）に、アメリカは月に戻る計画を進めていたのである。

アポロ11号のオルドリン宇宙飛行士（画像:NASA）

２００３年２月１日、スペースシャトル「コロンビア」の事故によって、スペースシャトルの運航は中断された。ブッシュ大統領は、アメリカは宇宙への挑戦をやめないことを明らかにするとともに、２００４年に新たな宇宙政策を発表した。その主な内容は以下の３点であった。

①スペースシャトルは事故原因の解明とその対策を取った後、飛行を再開させて、２０１０年に国際宇宙ステーションを完成させるが、これをもってスペースシャトルを引退させる。②新たな有人宇宙船「ＣＥＶ」を開発する。ＣＥＶは国際宇宙ステーションにクルーを運ぶだけでなく、地球低軌道以遠、すなわち月への飛行にも用いる。③アメリカは

早くて2015年、遅くとも2020年までに月に戻る。

この計画は将来の火星有人探査も見据えたものであった。

建設途上であった国際宇宙ステーションの完成にスペースシャトルの輸送能力は不可欠であり、2年5か月の飛行中断の後、2005年に「ディスカバリー」が「リターン・トゥー・フライト」を果たした。スペースシャトルの飛行は2011年の「アトランティス」によるSTS－135で終了した。STS－135はスペースシャトル通算135回目の飛行であった。

NASAはCEVの開発に着手したが、第1章でも述べたように、その後、国際宇宙ステーションへのクルーおよび物資の輸送に民間の宇宙船を用いる計画、CCPとCOTSがスタートし、CEVは「月に行くため」の宇宙船と位置付けられた。

加えてNASAは再び月に戻るための大型ロケット「アレスI（クルー運搬用）」と「アレスV（物資運搬用）」の開発をスタートさせた。

月に戻る計画は「コンステレーション計画」とよばれていた。

しかし、2009年1月に就任したオバマ大統領がまず行ったのは、このコンステレーション計画をキャンセルすることであった。オバマ大統領が組織した諮問委員会は、アメリカが今後目指すべき有人宇宙探査について、月から火星に至る道だけでなく、まず小惑星あるいはラグランジュ点に行ってから火星を目指す道もあるという「フレキシブル・パス」という考え方を提案した。これによって月を目指す計画はつぶされてしまった。コンステレーション計画をキャンセルした後、オバマ政権は明確な宇宙政策を示すことはなく、NASAは目指すべき目的地を失ってしまった。CEVの開発はかろうじて継続されたが、アレス・ロケットの開発は中止された。

オライオン宇宙船と巨大ロケットSLS

NASAの月着陸計画には、以上のような経緯があった。

CEVは現在のオライオン宇宙船のベースになった。オライオン宇宙船は宇宙飛行士が搭乗するクルー・モジュールと、軌道変更用のエンジンやその推進剤、機器類などを搭載する後部のサービス・モジュールから成っている。電源は太陽電池である。

クルー・モジュールはアポロ宇宙船の司令船と同じ円錐形で、アポロ宇宙船よりひとまわり大きい。直径5m、高さ3・3m、内部の居住空間の容積は8・5㎥である。打ち上げ時の重量は約10ｔ（トン）。アポロ宇宙船には3名の宇宙飛行士が搭乗したが、オライオンには4名が搭乗できる。サービス・モジュールは直径5ｍ、長さ4・7ｍ。打ち上げ時の重量は約15ｔである。

オライオン宇宙船のクルー・モジュールは２０１４年に最初の試験飛行が行われた。

大型ロケットに関しては２０１１年にＳＬＳの開発が開始された。ＳＬＳにはいくつかの発展型があるが、アルテミス計画の最初の3回のフライトで用いられるのは「ブロックⅠ」とよばれるものである。ブロックⅠは月への軌道に26ｔの重量を打ち上げる能力をもつ。全長は約１００ｍ。ロケットはコア・ステージ（第一段ロケット）と2本の固体ロケット・ブースター、そして上段ロケットから構成され、上段ロケットにオライオン宇宙船が結合される。

コア・ステージには4基のＲＳ－25エンジンが使われる。ＲＳ－25はスペースシャトルのメインエンジンを改良したエンジンで、液体酸素と液体水素を推進剤としている。固体ロケット・ブースターもスペースシャトルで用いられたものである。スペースシャトルの固体ロケット・ブースターでは推進薬のセグメントが4個のタイプが用いられていたが、ＳＬＳではセグメント5個のタイプが用いられ、推進力が増強されている。ＳＬＳはスペー

発射台のSLS（画像:NASA）

スシャトルのレガシーから生まれたロケットということができる。

　SLSの最初の3回のフライトでは、ICPSとよばれる上段ロケットが用いられる。ICPSはデルタⅣロケットの第2段を改良したもので、液体酸素と液体水素を推進剤とするRL10エンジンが用いられる。

　ケネディ宇宙センター39B発射台でのオライオン宇宙船の打ち上げから月軌道への投入は、以下のように行われる。SLSのコア・ステージと固体ロケット・ブースターが点火され、ロケットは発射台を離れる。約2分で固体ロケット・ブースターは燃え尽き、分離される。コア・ステージは燃焼を続け、発射から約8分後に燃焼終了。コア・ステージは分離され、太平洋に落下する。この時、オライオン宇宙船とICPSは地球周回軌道に達している。約50分後、オライオン宇宙船は太陽電池板を展開し、ICPSに点火して、より高い周回軌道に入る。1時間25分後、ICPSに再点火。約20分のエンジン噴射により、オライオン宇宙船は月への軌道に入る。その後、ICPSは切り離され、オライオン宇宙船は月へ向かうことになる。

月着陸の鍵は国際協力で建設するゲートウェイ

アポロ計画では、サターン5型ロケットで打ち上げたアポロ宇宙船と月着陸船で直接、月に向かった。そして月周回軌道に入った後、月着陸船を切り離して月面に降り立った。しかし、今回NASAは月を周回する宇宙ステーションを建設し、これを月着陸の中継場所とすることを考えている。

月を周回する宇宙ステーションは「ゲートウェイ」とよばれている。ゲートウェイは国際宇宙ステーション計画のパートナー国が共同で建設することになっている。アメリカ、日本、ヨーロッパ、ロシア、カナダである。ゲートウェイはいくつものモジュールを結合させて

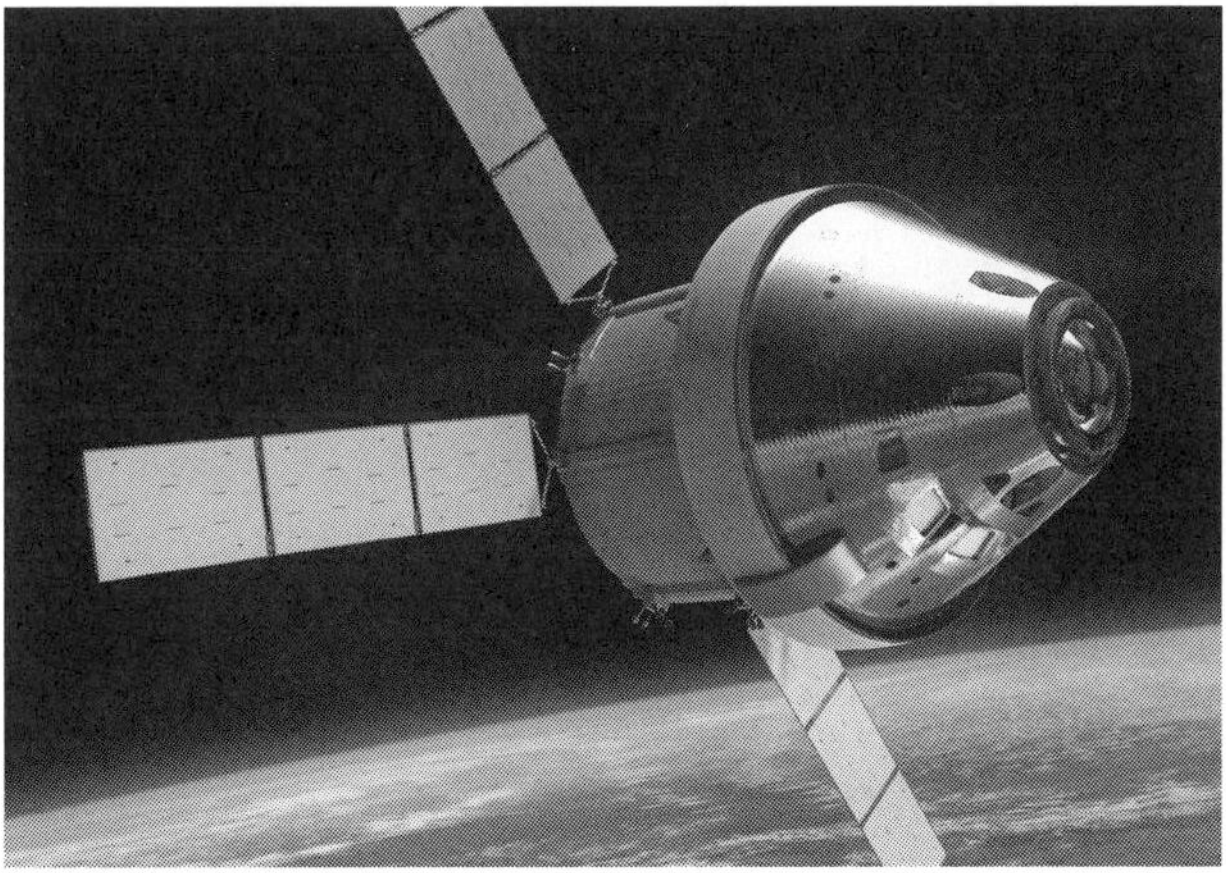

オライオン宇宙船（画像:NASA）

つくられ、その基本構成と各国の分担はすでに決まっている。アメリカは電気推進エレメントや居住・多目的モジュールなどを、ヨーロッパは国際居住モジュールや補助モジュールを、ロシアは多目的モジュールを、カナダはロボットアームを担当する。日本は国際居住モジュールのＥＣＬＳＳ（環境抑制制御・生命維持システム）の提供や宇宙ステーション補給機「こうのとり」の発展型「ＨＴＶ－Ｘ」によるゲートウェイへの物資補給を担当することになっている。

　オライオン宇宙船に搭乗した宇宙飛行士はまずゲートウェイに向かい、すでにゲートウェイにドッキングしている月着陸船に乗り換えて月面に向かうことになる。ここがアポロ計

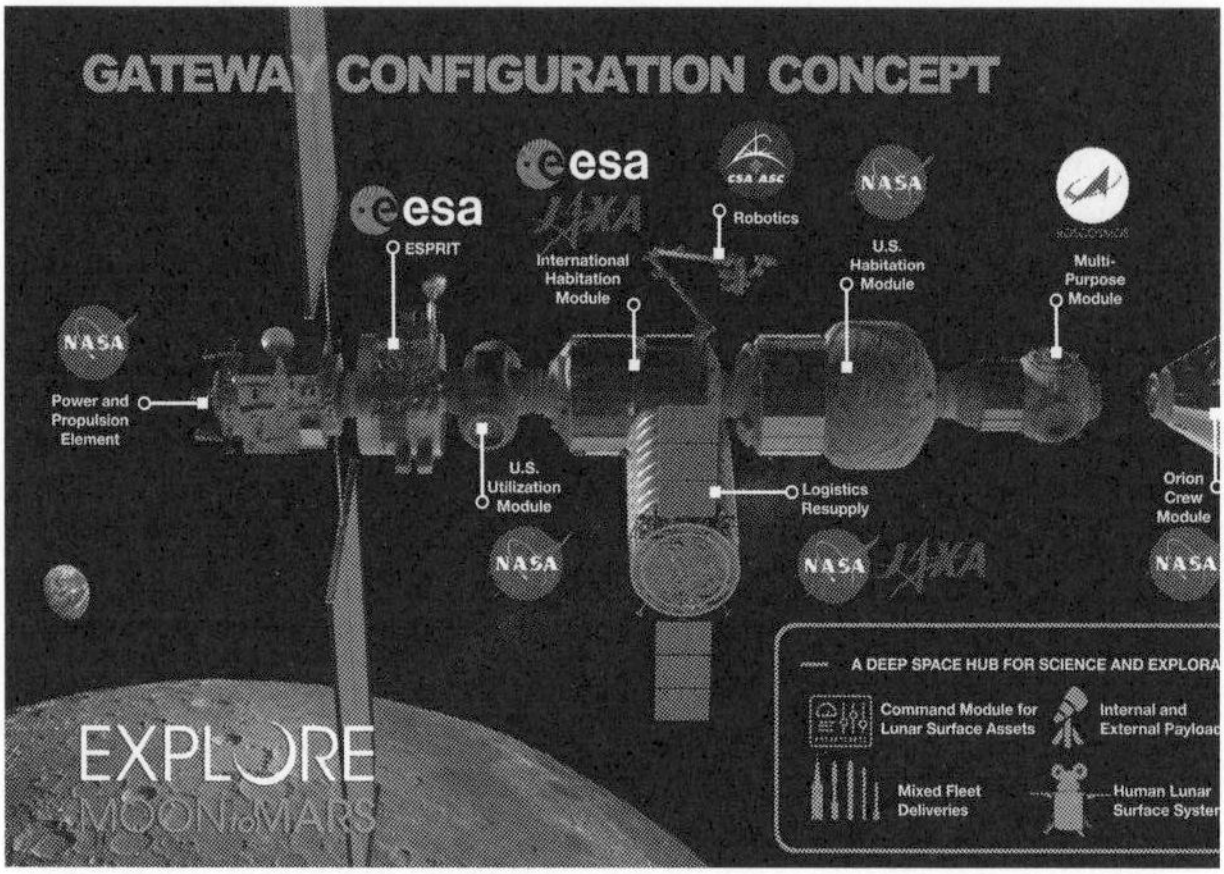

ゲートウェイ完成予想図（画像:NASA）

月面での活動（画像:NASA）

画と大きく異なる点である。アポロ計画の時代、月面着陸は危険を伴った探検といってよく、宇宙飛行士は数日間で月面を離れるしかなかった。しかし、今後の月着陸は月面での継続した活動を目的にしている。そのため、月周回軌道上に宇宙飛行士が長期滞在できる施設が必要になるのである。

アルテミス計画のきびしいスケジュール

2019年3月26日のペンス副大統領の演説の前、NASAは月着陸を以下のようなスケジュールで行うことを計画していた。

2020年
EM－1（SLSとオライオン宇宙船による無人月周回ミッション）
2022年
EM－2（オライオン宇宙船に宇宙飛行士が搭乗し、月を周回する）
2023年
ゲートウェイ組み立て開始。最初のエレメント「電気推進エレメント」を打ち上げ。

月面無人探査ローバーによる月探査を行い、特に水の存在を探る。
２０２４年
ＥＭ－３（ゲートウェイへ宇宙飛行士を運ぶ最初のミッション）
有人月着陸技術の試験を行う。
２０２６年
ゲートウェイ組み立て完了。月面着陸に向けた次のフェイズに入る。
有人月着陸機の無人試験。
２０２８年
有人月着陸。アポロ計画以来、人類は再び月に戻る。

しかしながら、トランプ政権の意向により、ＮＡＳＡは２０２４年に月着陸を実現しなければいけなくなった。ＮＡＳＡは２０１９年５月、月着陸計画をアルテミスと命名し、スケジュールを次のように大幅に変更した。ゲートウェイは月着陸に必須であるため、２段階に分けて建設し、２０２４にはミニマムの機能をもつフェイズ１のゲートウェイを設置完了させることになった。

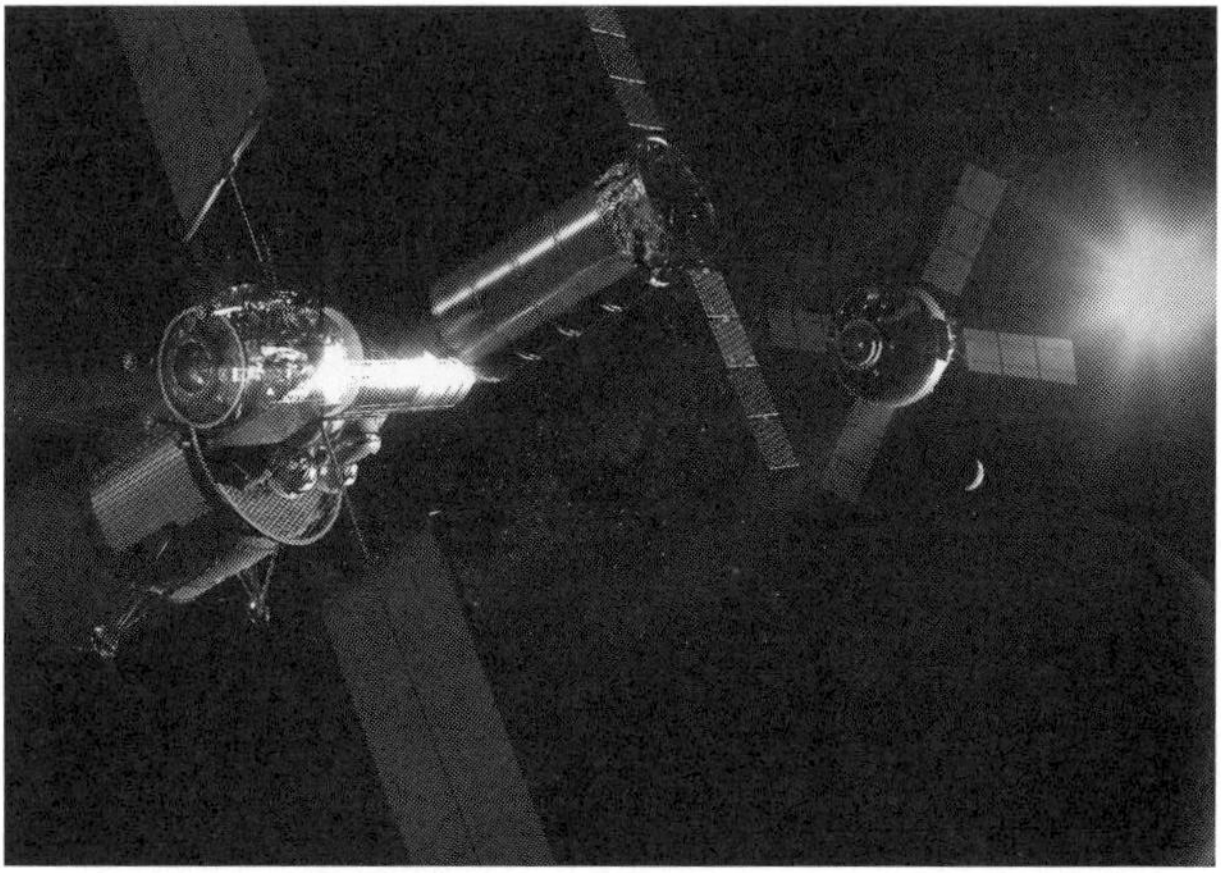
ゲートウェイのフェイズ1（画像:NASA）

２０２０年
アルテミス１（オライオン宇宙船とＳＬＳによる無人月周回ミッション）
２０２２年
ゲートウェイの最初のエレメントである「電気推進エレメント」の打ち上げ。
アルテミス２（オライオン宇宙船に宇宙飛行士が搭乗し、月を周回する）
２０２４年
ゲートウェイのフェイズ１完成。宇宙飛行士の月周回軌道上での長期滞在が可能に。
アルテミス３（有人月着陸）
２０２８年
ゲートウェイ完成

このスケジュールで、大きな課題となっているのが月着陸船である。ＮＡＳＡはこれまで、オライオン宇宙船やＳＬＳの開発は行ってきたが、月着陸船の開発には手を付けてこなかった。ＮＡＳＡの以前のスケジュールでは、ゲートウェイを用いた月着陸試験などを行いながら、時間をかけて月着陸船の開発を行う予定であった。しかしアルテミス計画では、月着陸船をわずか5年間で開発・運用しなければならない。そこでＮＡＳＡは２０１９年5月に、月着陸システムの詳細検討・プロトタイプ製作を行うアメリカ企業11社を選定した。この中にはボーイング社やロッキード・マーチン社、ノースロップ・グラマン社など長い間宇宙にかかわってきた巨大企業のほか、スペースX社やブルー・オリジン社のような新興企業、ＮＡＳＡのＣＬＰＳ（商業月ペイロード・サービス）に参加しているドレイパー社やアストロボティックス・テクノロジー社などが含まれている。

その後ブルー・オリジン社は２０１９年10月に、月着陸船の開発でロッキード・マーチン社、ノースロップ・グラマン社、ドレイパー社の3社と提携したと発表している。ボーイング社も11月に独自の月着陸船の構想を発表した。

月着陸船（画像:NASA）

月の南極への着陸を目指す

アルテミス計画では、月の南極への着陸を目指している。アポロ計画は月面に数日間滞在するだけだったが、アルテミス計画では月面に長期間滞在できる有人拠点の建設を行う。そのため、有人拠点に適した場所として月の南極が選ばれている。

月の南極や北極には太陽光がほぼ真横から当たる。そのため、極域のクレーターの内部には、太陽光が1年中差さない「永久影」ができる。こうしたクレーターの底には、太古に彗星などによってもたらされた「水の氷」がそのまま残っていると考えられている。水

月南極域での活動（画像:NASA）

は飲料水や生活用水として大事であり、電気分解すれば生命維持装置用の酸素や、ロケットや宇宙船の推進剤として利用できる。

月面では昼が2週間続いた後、2週間の夜がくる。夜の間は光がまったくなく、温度はマイナス200℃にも下がってしまうため、機器を動かしておく「越夜技術」が必要になる。しかし、極域の温度環境はここまできびしくはない。さらに、両極のクレーターの縁には、1年中太陽光があたる「永久日照」の場所がある。こうした場所は太陽電池により1年中発電が可能なので居住や作業に適している。月面各所での科学調査や資源探査などには、小型ロケットを用いた宇宙機や月面ローバーを用いる。

アメリカはなぜ急ぐのか

当初の目標を4年も前倒しした2024年の有人月着陸は、きわめて困難なミッションといえる。アメリカはなぜこれを国家目標としたのだろうか？

そこには宇宙強国を目指す中国の影がある。中国は月着陸のために「長征9号」を開発中である。アメリカのサターン5型やSLSに匹敵する大型ロケットである。長征9号は2028年頃に初打ち上げの予定とされている。中国は公式には「2030年代に有人月着陸を目指す」としているものの、長征9号の開発が順調にいけば、もっと早い時期に月着陸にチャレンジするかもしれない。長征9号を用いずとも、間もなく飛行を再開する「長征5号」の増強型、いわば「長征5号ヘヴィー」とでもよぶべきロケットを開発すれば、もっと早い時期に月着陸ミッションが可能になるかもしれない。

NASAの月着陸の目標が2028年のままであると、中国に先を越されてしまう懸念がある。アメリカはそう判断したのであろう。

アメリカは中国の月計画に関して、なんらかの情報を入手したのではないだろうか。アメリカとソ連が月着陸競争をしていた1968年のこと、NASAはサターン5型ロケットにはじめて人間を乗せるアポロ8号のミッションを、地球周回軌道で行うつもりでいた。ところがCIAから、ソ連の有人月周回ミッションが近いという情報を得たNASAは、アポロ8号を月周回軌道に送る決断を下したのである。同じような事情が、アルテミス計画の背後にあるのかもしれない。

世界のリーダーであるための競争

ここで、アポロ計画がなぜスタートしたかを思い出してみよう。

1957年10月、ソ連は世界初の人工衛星「スプートニク1号」を打ち上げ、アメリカに「スプートニク・ショック」が走った。1961年4月に、ソ連はユーリー・ガガーリンによる世界初の有人宇宙飛行を成功させ、アメリカをふたたび震撼させた。宇宙開発の分野で、アメリカはソ連に後れをとっていた。当時、アメリカとソ連は核兵器で対峙する東西冷戦の真っただ中であった。1962年10月には、世界核戦争の一歩手前まで行ったキューバ危機が起こっている。宇宙におけるアメリカの優位を奪いとるため、1961年

1961年5月25日のケネディ大統領の演説（画像:NASA）

5月25日、ジョン・F・ケネディ大統領は議会で特別演説を行い、次のように述べた。

「私は、今後10年以内に人間を月に着陸させ、安全に地球に帰還させるという目標の達成に、わが国民が取り組むべきと確信している。この宇宙プロジェクト以上に、より強い印象を人類に残すものは存在せず、宇宙探査史においてこれより重要となるものも存在しないであろう。そして、このプロジェクト以上に困難をともなない、費用を要するものもないであろう」

こうしてはじまったのが、アポロ計画であった。

5月25日のケネディの演説は、ソ連という名前こそ出さないものの、世界には「自由」

に挑戦する動きがあるとし、自由という大義を守るためにアメリカが何をすべきかを述べたものであった。いくつもあげられた具体的な政策の最後に、月着陸競争に勝つことがあげられていた。

このケネディの演説のもととなったのが、当時の副大統領リンドン・ジョンソンが4月28日にケネディに送ったアメリカの宇宙政策に関するメモであった。そこには宇宙においてソ連に先行されている事実が述べられており、「他の諸国は、われわれの理想的な価値観を歓迎はするものの、将来世界のリーダーになるだろうと彼らが考える国、すなわち長期的な競争の勝者の側につく傾向があることを、われわれは認識しなくてはならない。宇宙における劇的成果は世界のリーダーであることの重要な指標になりつつある」と書かれていた。つまり、世界のリーダーの地位をかけて、アメリカがソ連にしかけた宇宙での競争がアポロ計画であった。

ケネディ大統領は1962年9月12日、テキサス州ライス大学で演説を行った。「われわれは月へ行くことを選んだ」という一節が有名な演説である。ケネディ大統領はここでも、月に行くことが国家目標となったのは、共産主義との戦いに勝利し、自由を守るためであると強調した。「われわれは60年代が終わる前に月へ行く。それが容易ではなく困難である

2019年3月26日に演説を行ったペンス副大統領（画像:NASA）

がゆえに。……そしてわれわれがその挑戦に勝つつもりでいるがゆえに」。

２０１９年3月26日の演説で、ペンス副大統領は、「アメリカは21世紀に月に戻る最初の国となる」「アメリカは5年以内にアメリカの宇宙飛行士を月に戻す」「月面の最初の女性と次の男性となるのは、アメリカの宇宙飛行士であり、アメリカのロケットによって、アメリカの国土から打ち上げられる」と述べた。そして、ＮＡＳＡに「どのような手段を用いても」ゴールを達成することを求め、「歴史は大きな夢をもち、不可能に挑戦するものによって書かれる」と、演説をしめくくった。

こうしてみてくると、ペンス副大統領の演説とケネディの演説はよく似ていることがわかるであろう。

最近の中国の宇宙への躍進は目覚ましく、2016年9月にはアメリカ議会で「われわれは中国との宇宙競争に負けつつあるのか?」という公聴会が行われたほど、アメリカでは危機感が高まっている。また、ペンス副大統領は2018年10月4日、アメリカのシンクタンク「ハドソン研究所」での演説で、民主主義や市場経済のルールを無視して拡張を続ける中国をきびしく批判した。米中は新冷戦ともいえる状況にある。アポロ計画時のジョンソン副大統領の「メモ」と同じ事態が今、起きているのだ。

建国100年の2049年にはアメリカと並ぶ大国になることを目指し、「一帯一路」政策や衛星測位システム「北斗」で多くの国を自らの陣営に引きこもうとしている中国に対するアメリカの認識は、まさにジョンソンのメモの「他の諸国は、われわれの理想的な価値観を歓迎はするものの、将来世界のリーダーになるだろうと彼らが考える国、すなわち長期的な競争の勝者の側につく傾向があることを、われわれは認識しなくてはならない」と一致している。そして21世紀初の人類月着陸こそが、「宇宙における劇的成果は世界のリーダーであることの重要な指標になりつつある」という意味をもつことになる。

つまりアルテミス計画は、アメリカが絶対に負けることのできない競争なのである。

オバマ時代の「空白の8年間」を取り戻す

こうした事態を生んでしまったのは、オバマ政権時代の「空白の8年間」であった。この期間、中国は2011年に同国初の軌道上実験モジュール、「天宮1号」を打ち上げ、2012年には「神舟9号」が、2013年には「神舟10号」がドッキングし、クルーが軌道上で作業を行った。2016年には「天宮2号」が打ち上げられ、「神舟11号」がドッキングした。また、2013年には月探査機「嫦娥《じょうが》3号」が月面に着陸し、月軟着陸に成功した3番目の国となった。さらに、2016年には重量級ロケット、「長征5号」を登場させている。

一方、この期間のNASAは、前述した、火星へのアプローチに向けて小惑星探査などを含む柔軟な道筋をたどるという「フレキシブル・パス」の呪縛から逃れることができず、月着陸を最優先のターゲットとすることができなかった。オバマ大統領は宇宙が人類の未来にとって重要なフロンティアであることだけでなく、国際社会におけるアメリカのリーダーシップや国家安全保障の面でも重要な存在であることに無自覚な大統領であった。

トランプ政権の宇宙政策は、このオバマ大統領時代の「失われた8年」を取り戻し、再びアメリカが宇宙での強力なリーダーシップを築くことを目的としている。

2017年10月に開催された国家宇宙会議の第1回会合では、次の内容が確認された。

○宇宙政策を見直す。アメリカの繁栄、安全、アイデンティティは宇宙におけるリーダーシップにかかっている。

○政府と企業のパートナーシップをより強固にする。

○地球低軌道において商業活動、有人活動を継続的に行うための基盤を構築する。

○アメリカ人宇宙飛行士を再び月に送り、火星以遠に行くための基盤をつくる。

○アメリカの安全保障のため宇宙技術開発を促進させる。宇宙は国家安全保障にとって重要な分野であり、アメリカは宇宙においてリーダーでなければならない。

この提言にもとづき、トランプ大統領が月と火星に向かうことを国家政策とする大統領令にサインしたのは、2017年12月のことであった。

トランプ政権の宇宙政策は、人類の活動領域を平和的に拡大するための明確な長期目標を示すものであるが、同時に、宇宙で絶対的優位に立っているアメリカを猛然と追い上げてきている中国を念頭に置いた宇宙戦略の再構築という面もある。

国際宇宙宙ステーションで女性だけの船外活動を行ったコック宇宙飛行士（右）とメイヤー宇宙飛行士（左）（画像:NASA）

月面初の女性宇宙飛行士

アルテミスはギリシャ神話の月の女神である。アルテミス計画には、月面に最初の女性宇宙飛行士を送りこむという目的がある。実はこれこそが、21世紀の月一番乗り競争の「劇的成果」なのである。ペンス副大統領が「月面の最初の女性と次の男性となるのは、アメリカの宇宙飛行士」と、クルーの構成にまで言及している理由はそこにある。

中国の最初の月面着陸クルーには女性飛行士が入ってくるだろう。現在、中国には2名の女性宇宙飛行士がいる。そのうちの1人、王亜平宇宙飛行士がその候補と思われる。

王亜平宇宙飛行士は中国人民解放軍空軍の大佐で、2010年に宇宙飛行士に選抜された。2013年に神舟10号のクルーとして宇宙飛行を果たした。中国で2人目の宇宙飛行を行った女性である。現在は、中国が開発中の新しい有人宇宙船や2020年に建設が開始される宇宙ステーション「天宮」でのミッションの訓練に入っているとみられる。

王亜平は優れた宇宙飛行士であると同時に美人で、中国では絶大な人気がある。中国メディアの取材に答え、王宇宙飛行士は将来の夢として、月への飛行について語っている。中国の伝説では、月には嫦娥という女神が住んでいるとされるが、取材の中で、王亜平は、もしも自分が月面に降り立つことができたら、嫦娥の衣装を着て舞いたいという夢を語っている。もしも、彼女が月面最初の女性宇宙飛行士になったとすれば、中国共産党にとって、これ以上の宣伝材料はないであろう。

一方、NASAでも女性宇宙飛行士の活躍が目立つ。2019年10月には、国際宇宙ステーションに長期滞在中のクリスティーナ・コック宇宙飛行士とジェシカ・メイヤー宇宙飛行士による女性だけの船外活動も行われた。女性宇宙飛行士を月面に送るNASAの準備はできているといえよう。

「米中新冷戦」と「女性宇宙飛行士」の2つが、アルテミス計画のキーワードである。

第3章
人工衛星は「コンステレーション」の時代へ

高機能の大型衛星から低軌道小型衛星群への転換

人工衛星の世界も、今、様変わりを遂げようとしている。そのキーワードは「コンステレーション」である。コンステレーションとは星座の意味だが、この場合は、軌道上に展開された多数の小型衛星群のことをいう。これまでの衛星サービスは大型で多機能の衛星がになってきたが、これからはコンステレーションによる衛星サービスが主流になると予想されている。

人工衛星の軌道を高度で分けると、静止軌道（GEO）、地球周回中軌道（MEO）、地球周回低軌道（LEO）の3つに分類される。

われわれにとってなじみの深い気象衛星や通信衛星は、赤道上空、高度3万6000kmの静止軌道上にある。この軌道に投入された衛星の公転周期は地球の自転周期と同じになるため、地上から見ると、衛星は赤道上空に静止して見える。そのため静止軌道とよばれている。気象衛星「ひまわり」の画像を見れば明らかなように、この軌道からは地球の同じ範囲を常時カメラに収めることができる。そのため、その範囲の雲の動きや熱帯で発生した台風の移動などをリアルタイムで観測することが可能になる。現在稼働中の「ひまわり8号」は画像による観測性能も向上し、日本列島付近の雲や水蒸気の分布を詳しく観測でき、紅葉の様子や中国からの黄砂なども見ることができる。

全地球を覆う通信ネットワークの形成に、静止軌道上の通信衛星は大きな役割をはたしている。テレビ映像の「衛星中継」も、静止軌道上の通信衛星によるものである。現在、静止軌道上には多数の通信衛星がある。最近の通信衛星は多数のマルチビーム送信が可能で、かつ大容量での衛星通信を行う「ハイスループット」の時代に入りつつある。

静止軌道の下、高度20000㎞あたりまでが中軌道である。われわれがカーナビなどで利用しているアメリカのGPS（グローバル・ポジショニング・システム）は、高度約2万㎞の軌道をまわる衛星群で構成されている。また、赤道を中心に中緯度地域への通信サービスを行うO3bの衛星群は約8000㎞の高度をまわっている。

中軌道の下が低軌道である。低軌道のうち900〜1000㎞あたりは地球観測衛星がよく利用する。地球観測衛星は南北両極の上空を通る太陽同期準回帰軌道に投入される。両極上空を通る軌道を極軌道という。衛星が周回している間に、地球が自転するので、極軌道をとると、数日間で地球の全表面を観測することができるのである。太陽同期軌道は、

イリジウムNEXT（画像:イリジウム）

観測時の地表面と太陽光の角度がいつも同じになる軌道のことで、地表に当たる太陽光線の角度が常に一定なので同一条件下の観測が可能。準回帰軌道とは、衛星がある日数後に再び同じ場所の上空に戻ってくる軌道のことをいう。この2つを組み合わせた軌道を太陽同期準回帰軌道という。

衛星電話のイリジウム社の衛星群は高度780㎞の軌道をとっている。イリジウム社は2018年に66機の衛星をすべて新規に入れ替え、「イリジウムNEXT」としてサービスを行っている。

国際宇宙ステーションの高度は約400㎞なので、低軌道のかなり低いところをまわっていることになる。このくらいの高度になると、わずかに空気が存在する。衛星は抵抗を受け、高度が次第に下がってしまう。そのため、衛星の軌道としてはあまり使われない。国際宇宙ステーションは定期的に高度を上げる操作を行っている。

それはワンウェブ社からはじまった

コンステレーションという考え方は以前からあったもので、GPS衛星もイリジウム衛星もコンステレーションを形成している。しかし現在、数十機という規模をはるかにこえたコンステレーションが低軌道に出現しつつあるのだ。

この大きなうねりのさきがけとなったのが、2015年1月に発表されたワンウェブ社の低軌道小型衛星コンステレーション計画であった。ワンウェブ社の計画は、高度1200kmの20の軌道面に648機の小型衛星を打ち上げ、全地球を覆うインターネット網を構築するというものであった。

ワンウェブ社の創業者グレッグ・ワイラーは、2007年にO3bネットワークス社を設立し、12機の衛星で低緯度地域にインターネット通信サービスを提供する事業を立ち上げ

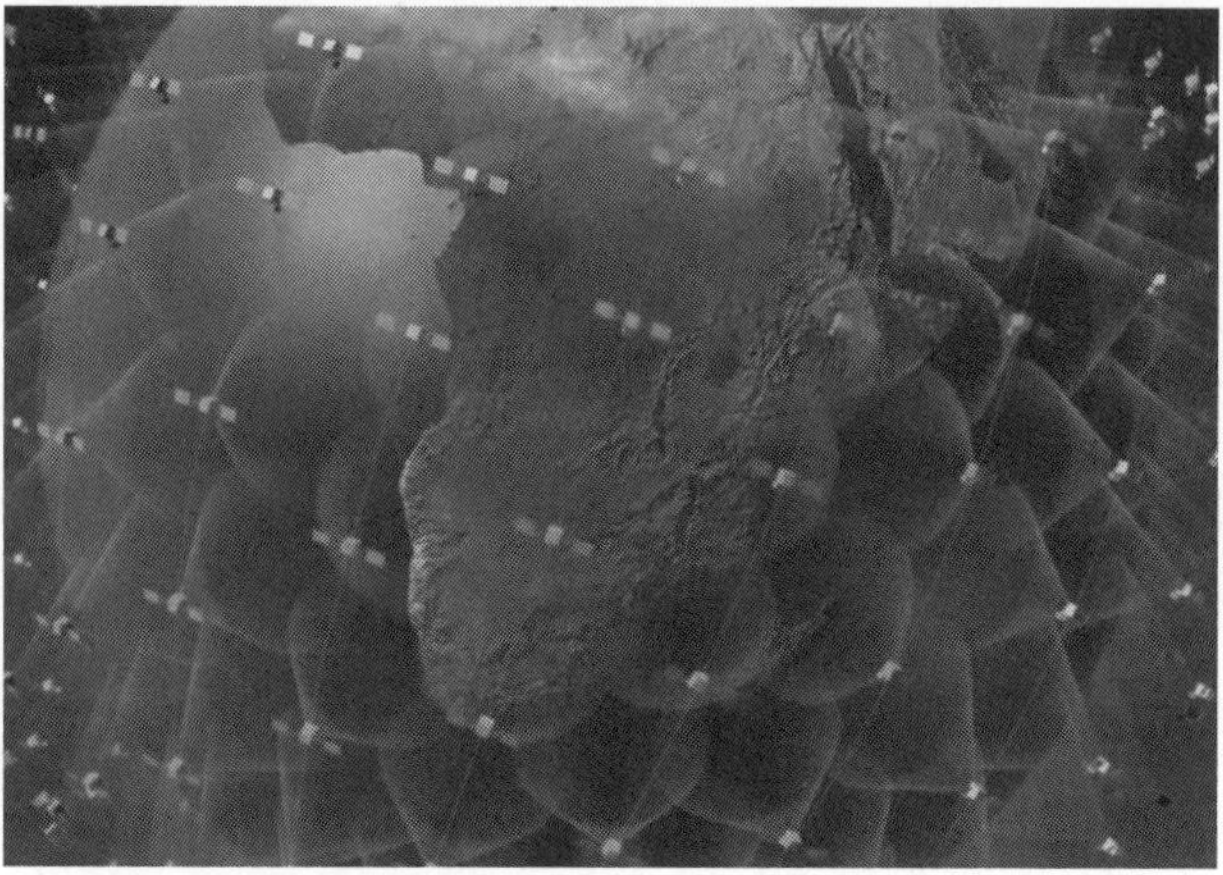

ワンウェブ社のコンステレーション（画像:ワンウェブ）

た人物である。その後、O3bはグーグル傘下に入った（現在はルクセンブルクのSES社が所有している）が、ワイラーは2014年にグーグルを離れ、ワンウェブ社の前身であるワールドビュー・サテライツ社で現在の事業をスタートさせた。多数の小型衛星で地球を覆うインターネット網をつくるという構想は、彼がグーグル時代に考えていたものであった。

ワンウェブ社の計画では2017年には衛星の打ち上げをはじめ、2019～20年にはサービスを開始することになっていた。実際に最初の衛星6機が打ち上げられたのは2019年2月のことであったが、スケジュールはそれほど遅れていない。2020

年にサービスを一部開始し、2021年に全世界をカバーするサービスを開始する。なお、同社のコンステレーションは最終的には約2000機になるとされている。

さらにワンウェブ社の構想は、一企業の構想に巨大企業が投資し、宇宙ビジネスのメインストリームの企業がパートナーとして参加していることでも大きな話題となった。ワンウェブ社に投資した主な企業は、ヴァージン・ギャラクティック社で宇宙旅行事業を進めるヴァージン・グループ、チップメーカーのクアルコム、コカ・コーラ、メキシコの通信サービス会社トータルプレイ、インド最大の通信事業を展開するバーティ・エンタープライズ社などであった。後に日本のソフトバンクも多額の出資をしている。また、ヨーロッパを代表する宇宙企業エアバス・ディフェンス・アンド・スペース社、静止軌道での衛星通信サービスを行っているインテルサット社、地上インフラを提供するヒューズ・ネットワークシステム社、衛星打ち上げサービスを行っているアリアンスペース社などがパートナーとなっている。

ワンウェブ社はスペア分もふくめ、合計900機の小型衛星を製造することにしている。衛星の重量は約150kg。この衛星の開発・製造を請け負っているのが、エアバス・ディフェンス・アンド・スペース社で、最初の衛星10機は同社のツールーズの工場で製造したが、ワンウェブ社はエアバス社と共同で2017年にはケネディ宇宙センター近くに工場を完成させ、1週間に15機以上のペースで衛星製造を開始している。工場の誘致には、フロリダでの宇宙産業の振興を推進しているスペース・フロリダ社が協力している。ワンウェブ社の工場近くにはブルー・オリジン社のロケット工場、ロッキード・マーチン社のオライオン宇宙船の組立工場、ボーイング社のスターライナー宇宙船の組立工場、シエラ・ネヴァダ社の宇宙船ドリーム・チェイサーの組立工場などがある。

衛星の打ち上げはアリアンスペース社が担当する。打ち上げにはソユーズ・ロケットが使われる。発射場はギアナ、バイコヌール、プレセツク。また、アリアンスペース社が現在開発中の「アリアン6」も使われるほか、ヴァージン・アトランティック社の空中発射システム「ローンチャーワン」も使われる可能性がある。

衛星の運用を行うのはインテルサット社である。同社は静止軌道に大型の通信衛星を打ち上げて事業を展開しているが、ワンウェブ社の事業にも参加することになった。同社が保有している地上の施設も使われる。インテルサット社の狙いの1つは、北極域での通信サービスにある。地球温暖化の影響で北極海の氷は減少しており、夏季には大西洋と太平洋を結ぶ北極海航路が開けている。北極海での資源開発も盛んになると予想され、この地域での通信需要は急増するとみられる。インテルサット社としては、静止軌道上の通信衛星が苦手な北極・南極圏を含む全球をカバーするサービスが可能となり、同社の事業に広がりをもたせることになる。

小型衛星による低軌道のコンステレーションによって、極地域も含め世界中のどの地域でも、小さなアンテナがあればインターネットを利用することができる。地球上にはいまだにインターネットを利用できない人々が多数いるが、こうしたデジタル・デバイド（情報格差）を解消することができる。さらに、安価にサービスを提供できる、信号の遅延時間が数十ミリ秒しかない（静止衛星では0・3秒程度）、衛星全損のリスクがないなどの特長がある。コンステレーションによる通信サービスは、かつてマイクロソフト社のビル・ゲイツも考えていたといわれる。しばらく前には、こうした構想を実現する技術基盤は不十分だったが、技術の急激な発展でそれが可能になったわけである。

スペースX社のイーロン・マスクも2016年にコンステレーションの構想を発表した。実は、ワンウェブ社の創設者ワイラーはグーグルに在籍していた頃、この構想をマスクに相談したことがあった。しかし、2人が一緒に事業を立ち上げることはなかった。

ワンウェブ社やマスクのコンステレーション構想が外部に向けて明らかになる直前の

２０１４年11月には、スペースX社を含む〝半ダース〟ほどの企業が、コンステレーション計画のための周波数をＩＴＵ（国際電気通信連合）に申請するという出来事があり、「衛星インターネットのゴールドラッシュ」といわれた。小型衛星のコンステレーションが世界の衛星通信事業を変革していくという大きな潮流は、実はこの頃からはじまっていたわけである。

メガ・コンステレーションの時代へ

２０１９年２月27日、ワンウェブ社の最初の衛星６機がギアナ宇宙センターからソユーズ・ロケットによって打ち上げられ、軌道投入に成功した。

その３か月後の５月24日には、スペースX社のコンステレーション「スターリンク」の最初の衛星60機がファルコン９で打ち上げられた。11月11日にも60機を打ち上げた。「スターリンク」は１万２０００機の衛星で構成されるとしてきたが、スペースX社はその後、さらに３万機を追加して、合計４万２０００機のコンステレーションをつくると発表した。

ワンウェブ社、スペースX社の他、ボーイング社、レオサット社、カナダのテレサッ

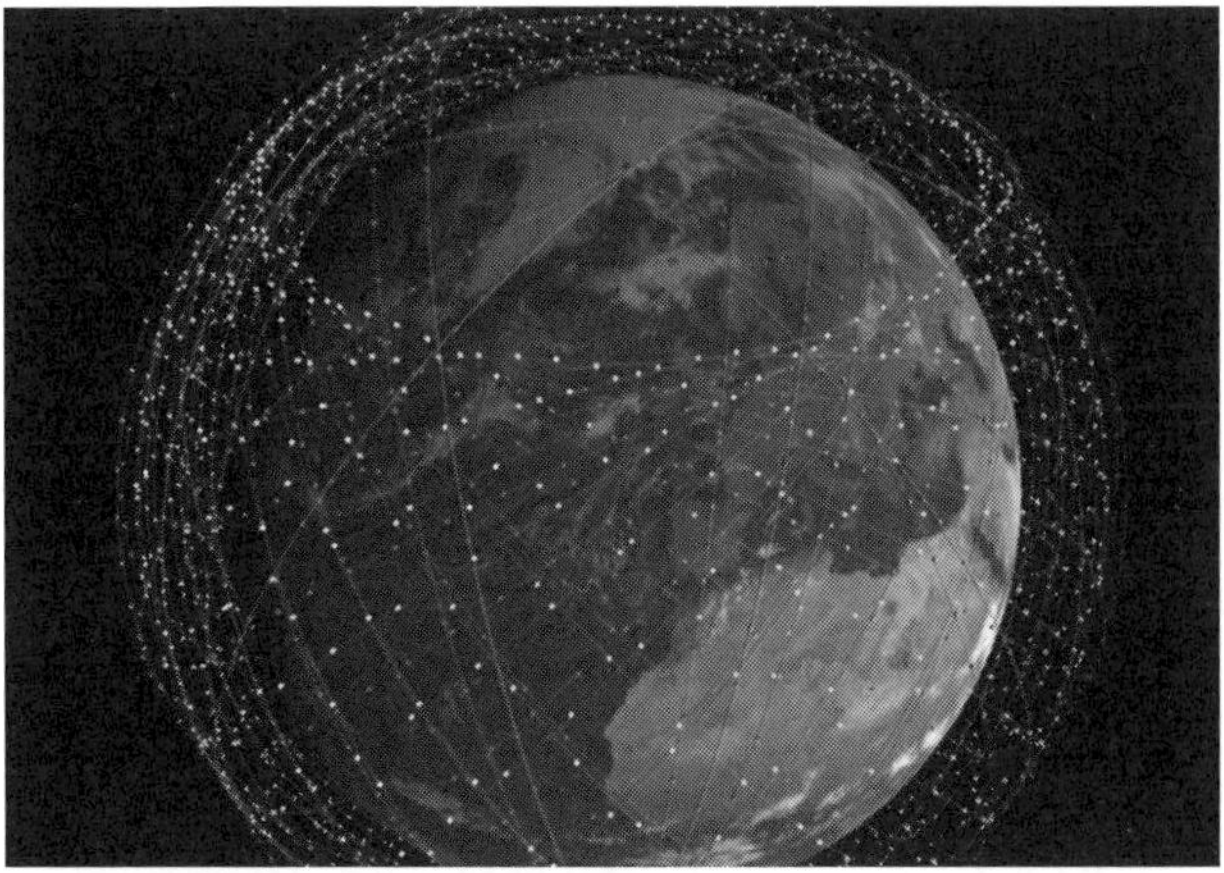
スターリンク（画像：スペースX）

ト社なども大規模コンステレーションの計画をもっている。アマゾン社の子会社のカイパー・システムズ社も3236機の衛星を打ち上げる計画という。中国やロシアにも計画がある。まさに時代は「メガ・コンステレーション」の時代に入りつつある。

低軌道にはこれまでも多くの衛星が投入されている。メガ・コンステレーションの出現で心配されるのは、衛星同士が衝突するのではないかということであろう。事実、スターリンク衛星の打ち上げ後、そのような事故になりかねない事態が起こっている。2019年9月2日、ESA（ヨーロッパ宇宙機関）の地球観測衛星が、スターリンクの衛星との衝突可能性があるため、回避行動をとったのである。

衛星同士の衝突は2009年2月に実際に起こっている。運用を停止したロシアの通信衛星とイリジウム衛星が衝突したのである。この衝突によって多数のスペースデブリ（宇宙ごみ）が発生した。こうした衝突が多発するようになると、スペースデブリは指数関数的に増加し、軌道上の衛星は次々と破壊され、最後には、宇宙空間の利用が不可能になってしまう。いわゆる「ケスラー・シンドローム」である。NASAの研究者ドナルド・ケスラーがこうした事態が生じることを警告したのは1976年のことであった。

宇宙には1万9000個もの物体が

NASAの最近のデータによると、現在、宇宙を飛んでいる物体の数は、10㎝以上のスペースデブリを含め、合計1万9000個に達する。このうち、衛星が約5000個、衛星を打ち上げたロケットの上段が約2000個、ミッション機器が約2000個、スペースデブリが約1万個である。

アメリカ合衆国国防総省ではこうした物体を常時観測しており、衛星にスペースデブリが衝突する危険性がある場合は、衛星事業者が回避行動をとるよう通知している。国際宇宙ステーションでも1年に1～2回、スペースデブリ回避のための軌道変更を行っているといわれている。

こうした状況下、軌道上の物体を監視する宇宙状況認識（SSA：スペース・シチュエーショナル・アウェアネス）が非常に大事になってきている。SSAはアメリカにまかせておけばよいものではなく、衛星を運用している各国が協力して宇宙空間の持続的利用を実現していかなくてはならない。

SSAでできることは宇宙空間の状況把握までである。メガ・コンステレーションの時代を迎え、宇宙空間の混雑化が急激に進むことが見込まれることから、今後は、衛星打ち上げの許認可を含む対策が必要と考えられ、宇宙交通管理（STM：スペース・トラフィック・マネジメント）の議論がはじまっている。

衛星業者側もこうした事態を深刻に受け止め、事業の展開と宇宙の秩序ある利用を両立させようとしている。ワンウェブ社のグレッグ・ワイラーは、同社のコンステレーションでは運用を終えた衛星を5年以内に軌道離脱させる、といっている。

現在の国際的なガイドラインでは、低軌道衛星運用停止後の軌道離脱は25年以内とされている。また、多数の衛星を打ち上げた際には、ある確率で機能しない（初期不良）衛星がでてくる可能性がある。ワンウェブ社では、そうした衛星をすぐに軌道離脱させることを考えている。こうした軌道離脱に同社が利用しようと考えている方法の1つが、日本のアストロスケール社が開発しているアクティブ・デブリ除去システムである。

地球観測衛星もコンステレーションの時代に

地球観測衛星もコンステレーションの世界へとシフトしている。

プラネット社はすでに140機以上の小型観測衛星のコンステレーションを運用している。同社が開発した3U（10㎝×10㎝×10㎝のいわゆるキューブサット衛星3個）サイズの約130機の衛星「ダヴ」のコンステレーションは解像度が3〜5mで、1日に1回、地球の全表面を観測している。同社では、このコンステレーションに今後「スーパー・ダヴ」を投入し、8つの波長帯で観測を行うという。また、同社がグーグルから買ったテラベラ社の15機のスカイサット衛星と5機のラピッドアイ衛星のうち、スカイサットのコンステレーションは、今後、軌道高度を下げて、解像度を現行の72㎝から50㎝に上げるとのこと

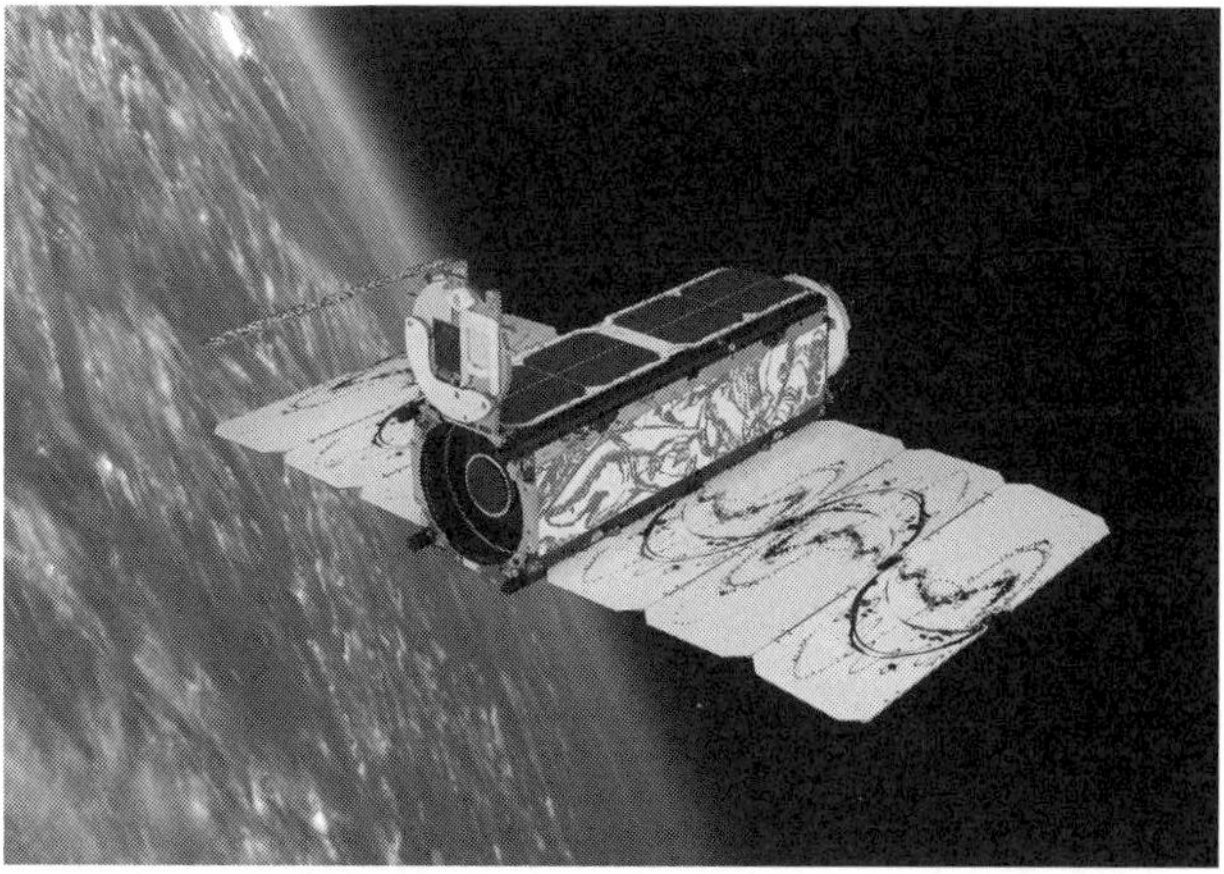

プラネット社のダヴ（画像:プラネット）

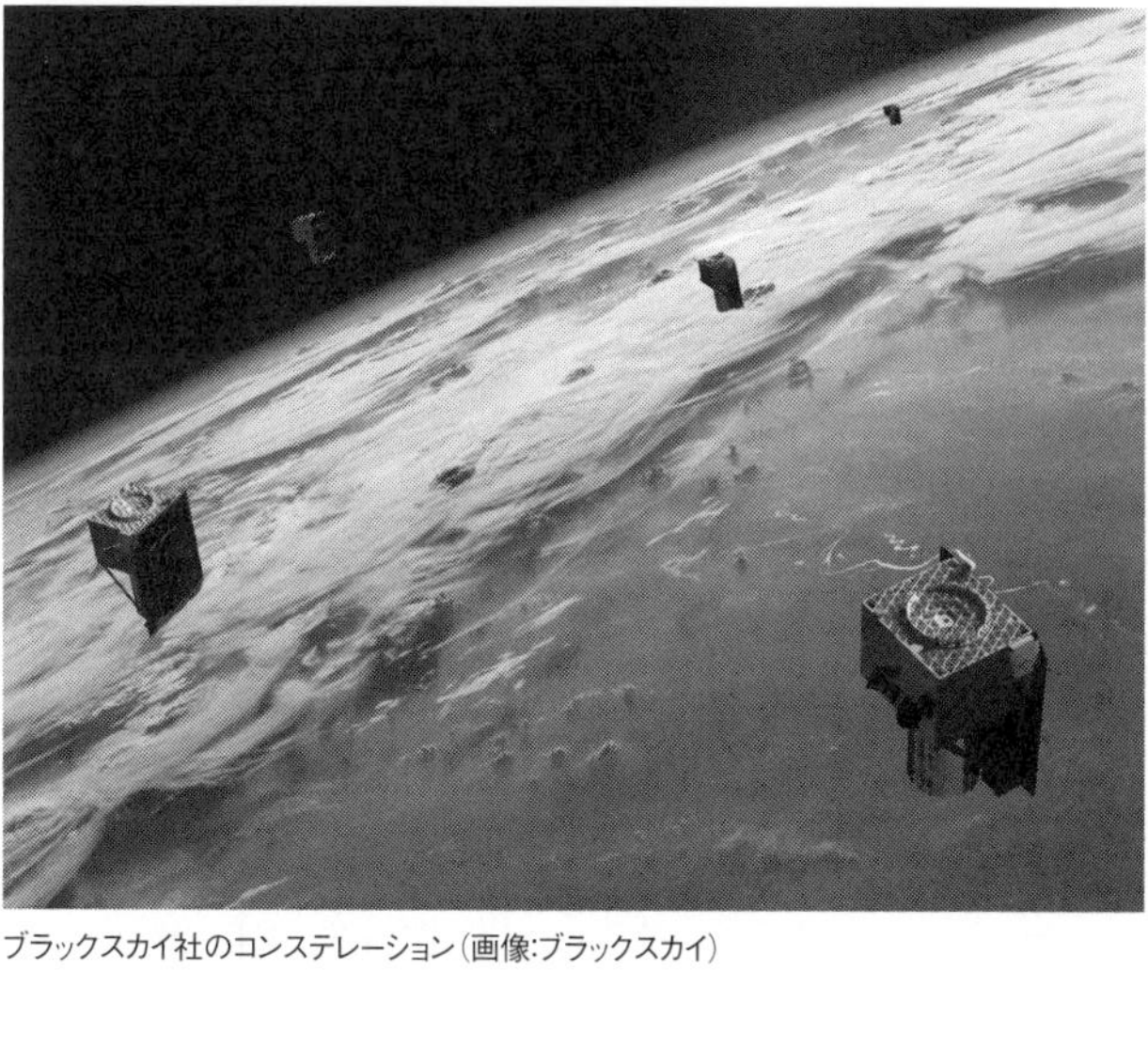

ブラックスカイ社のコンステレーション（画像:ブラックスカイ）

GRUS初号機（画像:アクセルスペース）

である。

ブラックスカイ社は現在2機の衛星しかもっていないが、60機のコンステレーションを計画しており、2023年までに30機を打ち上げる予定である。解像度は1m。多くのリビジット（同じ場所の上空を再訪すること）を実現することが目標とされ、地上の同じ場所を1日に十数回観測することができるという。同社は地理空間情報プラットフォームをもっており、同社の衛星だけでなく、他社の衛星の画像データも取り込み、リアルタイムで地上の情報を提供するという。

日本のアクセルスペース社は分解能2・5mのGRUS衛星数十機からなるコンステレーションを計画している。初号機はすでに

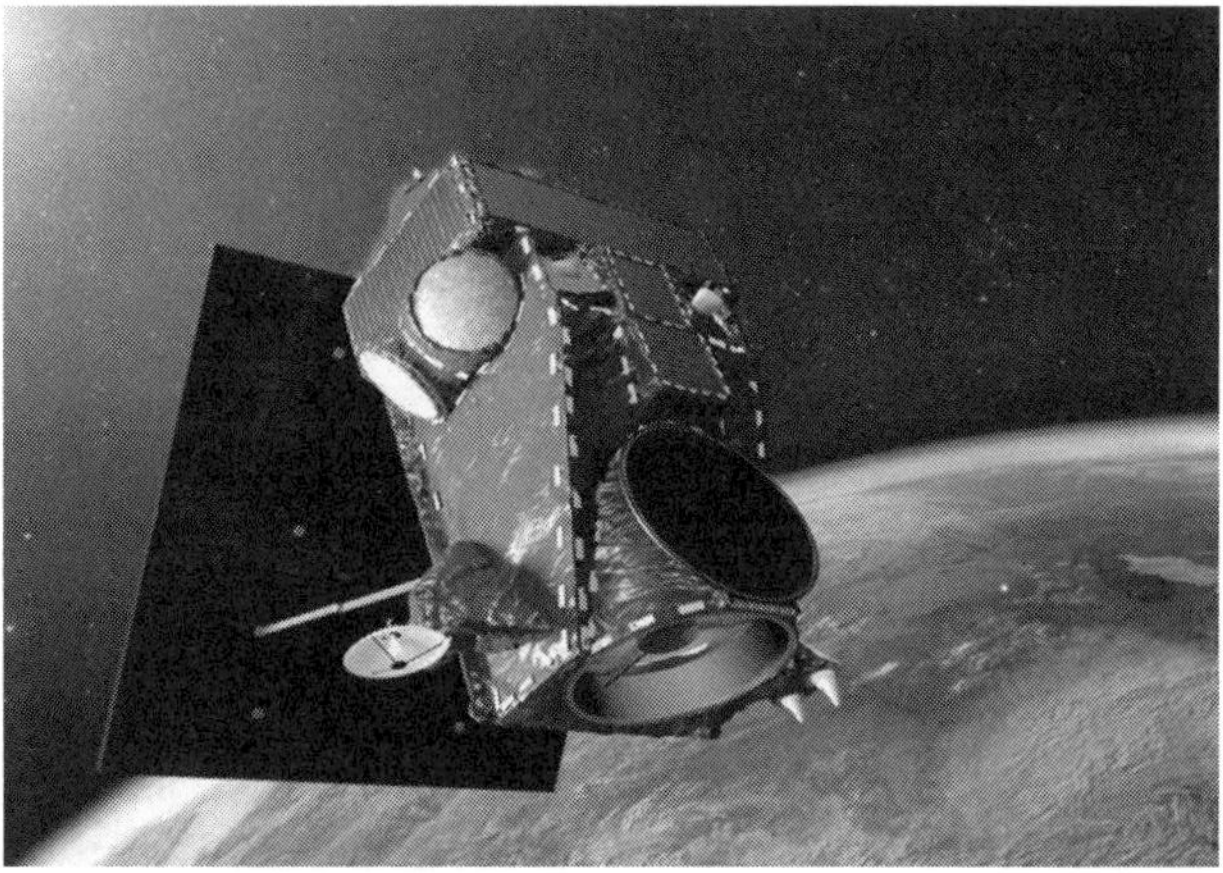

ワールドビュー・レギオン（画像：マクサー・テクノロジー）

打ち上げられている。

　マクサー・テクノロジー社は２０１７年にデジタル・グローブ社を傘下に収め、「ワールドビュー」シリーズを運用している。ワールドビューは商用としては最高の解像度をもつ衛星で、ワールドビュー１とワールドビュー２の解像度は約50㎝、ワールドビュー３とワールドビュー４の解像度は約30㎝である。ワールドビュー４は２０１８年12月にトラブルが発生して使用できなくなっている。同社は現行のワールドビュー・シリーズよりも小型だが解像度は30㎝級の次世代衛星「ワールドビュー・レギオン」のコンステレーションを２０２１年から打ち上げる予定である。リビジットの周期はこれまでより格段に短くな

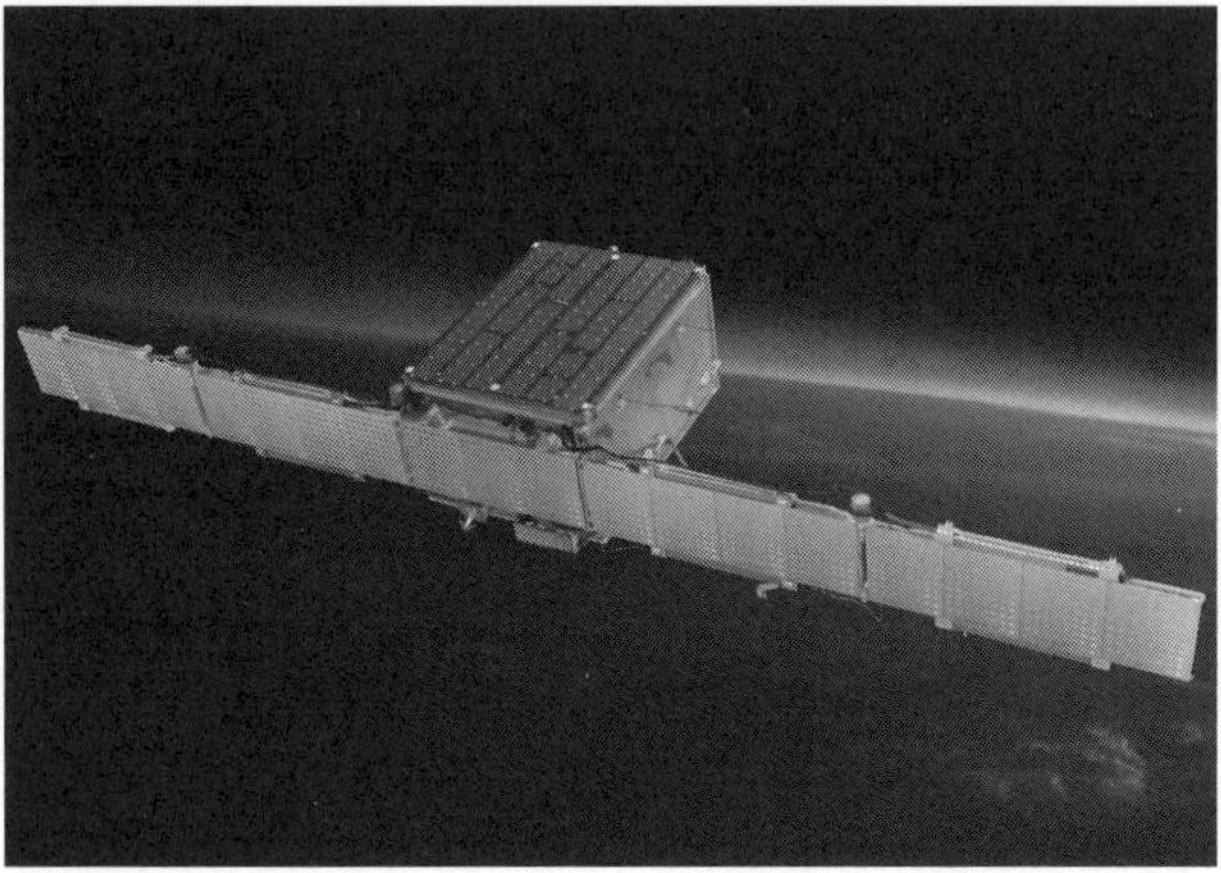

アイサイ社のSAR衛星（画像:アイサイ）

り、地球上の同じ場所を1日に15回観測できるという。まず6機が打ち上げられるが、最大12機のコンステレーションになる予定である。

以上は可視光で地球を観測する光学衛星であるが、レーダー衛星のコンステレーションも登場しつつある。

光学衛星は昼間しか観測できず、かつ昼間でも雲があれば、地表を見ることができない。レーダーは電波で観測するので、夜間でも、雲があっても観測が可能である。レーダー衛星に使われるのはSAR《サー》（合成開口レーダー）とよばれ、移動しながら電波の反射を受信し、受信したデータを合成して、大きな開口をもつアンテナと同じような画像を得ら

カペラ社のSAR衛星（画像:カペラ・スペース）

れるようにしたものである。

ＳＡＲはこれまで大型の衛星にしか搭載されなかったが、フィンランドのアイサイ社は、２０１８年1月にＳＡＲを搭載した小型衛星を初めて打ち上げた。現在アイサイ社は3機のＳＡＲ衛星を運用しており、観測画像の解像度１ｍが実現されている。同社はさらに2機を打ち上げる予定である。

カペラ・スペース社はＳＡＲ衛星36機のコンステレーションを計画中で、初号機は２０２０年に打ち上げの予定である。専用の中継ターミナルを整備し、リアルタイムでの画像提供を行うとのことである。

日本でも小型ＳＡＲ衛星のコンステレーションを目指すシンスペクティブ社が立ち上

がっている。同社は25機のSAR衛星からなるコンステレーションを計画している。

ホークアイ360社は小型衛星3機の編隊で船舶の無線周波数（RF）信号の識別・追跡を行う。同社は現在、最初の3機（1編隊）を打ち上げているが、さらに15機（5編隊）の次世代衛星を打ち上げる予定。これによって、同じ場所へのリビジットは約1時間になる模様である。ホークアイ360社のRF情報は海上の船舶を追跡・監視するMDA（海洋領域認識）に重要な情報を提供する。ブラックスカイ社の地理空間情報プラットフォームにも提供されている。

多様な地球観測衛星のコンステレーションが登場したことによって、地球観測衛星のビジネスモデルも変化していく。衛星画像の切り売りの時代から、今後はブラックスカイ社のように、ビッグデータと結合させた総合的な地理空間情報サービスを売る時代になっていくであろう。

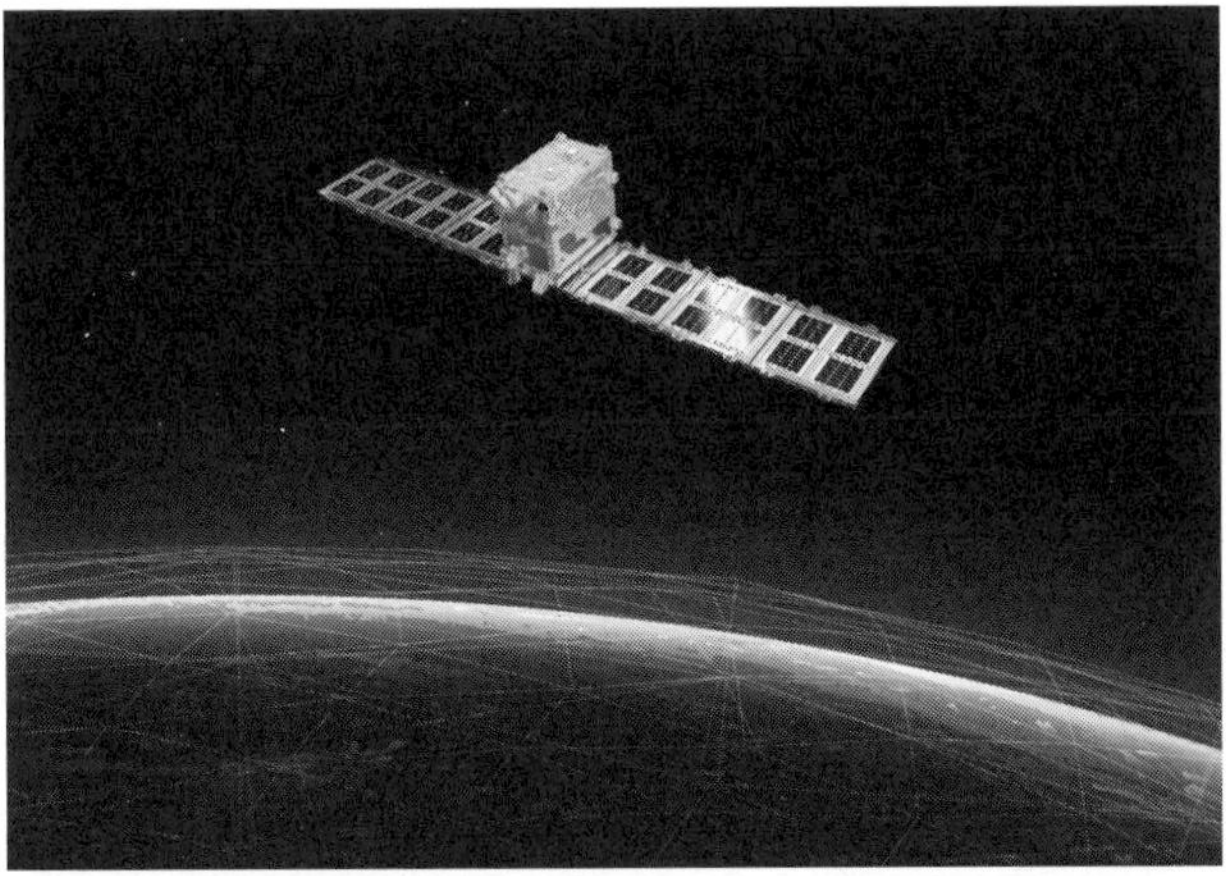

シンスペクティブ社のSAR衛星（画像:シンスペクティブ）

ホークアイ360社のコンステレーション（画像:ホークアイ360）

第4章

大型ロケットも小型ロケットも群雄割拠の時代に

ロケット開発の2つの潮流

世界のロケット開発には、現在、2つの大きな潮流がある。

1つは、新型の大型ロケットの開発である。この背景には、衛星の大型化や月・惑星探査機の打ち上げ、コンステレーション衛星の同時多数打ち上げなどの需要がある。後述するように、ここ数年のうちに各国からそのような大型ロケットが次々と姿を現す状況になっている。

もう1つの流れは、主に宇宙ベンチャー企業が取り組んでいる小型ロケットの開発である。こちらの背景には超小型衛星や小型衛星の打ち上げ需要が急増しており、そのための商業打ち上げサービスにビジネス・チャンスがあると考えられているからである。

日本：H－ⅡA、H－ⅡBから新型ロケット、H3へ

JAXAは現在、次世代ロケットH3を開発中である。H3は現在運用しているH－ⅡAおよびH－ⅡBの後継機である。

H－ⅡAは低軌道に10t、静止軌道に4tの衛星を投入できる（ブースター2本のH2A202の場合）。H－ⅡBはH－ⅡAの増強型で第1段にLE－7Aエンジンを2基束ねた日本初のクラスターロケットである。国際宇宙ステーションへ補給物資を運ぶ「こうのとり」の打ち上げは、このロケットがになっている。高度約400㎞の国際宇宙ステーションの軌道に16・5tの打ち上げ能力をもつ。

H3は日本が自立的に宇宙にアクセスできることを保証する基幹ロケットである。同時に、世界の衛星打ち上げ市場への参入も目指し、経済性や打ち上げの柔軟性が考慮されている。

H3は全長約63m、直径5・2m。第1段には新開発のLE－9エンジンが採用される。第2段のLE－5B－3エンジンは、現在H－ⅡAとH－ⅡBの第2段に用いているLE－5B－2エンジンの改良型である。LE－9およびLE－5B－3エンジンはどちらも液体酸素と液体水素を推進剤としている。固体ロケット・ブースターのSRB－3には、H－ⅡAロケットとH－ⅡBロケットで使われているSRB－Aの技術が活用されている。

H3は第1段エンジン2基または3基、固体ロケット・ブースターが0本、2本、4本のバリエーションがある。この組み合わせにより、さまざまなサイズや軌道の衛星の打ち

H3（画像:JAXA）

上げに対応する。打ち上げ能力はH3－30S（第1段ロケット3基、固体ロケット・ブースター0本）の場合、高度500㎞の太陽同期軌道に4t以上、H3－24L（第2段エンジン2基、固体ロケット・ブースター4本）の場合、静止トランスファー軌道（人工衛星を静止軌道に投入するための軌道）に6・5tである。

日本はアルテミス計画で補給機HTV－Xによるゲートウェイへの物資補給を担当することになっている。H3はHTV－Xの打ち上げにも用いられる。JAXAはH3の2回の打ち上げでHTV－Xを月への軌道に乗せることを考えているが、三菱重工は1回の打ち上げで可能な「H3ヘヴィー」を開発する可能性もある。

H3は2020年度後半に、試験機1号機の打ち上げを予定している。この時期には、H3のライバルともいえる新しい大型ロケットが各国で登場してくる予定である。

ヨーロッパ：アリアン5からアリアン6へ

衛星打ち上げ市場で圧倒的なシェアをもつアリアンスペース社は、現在運用しているアリアン5からアリアン6へ移行する準備を進めている。

ESAが開発中のアリアン6は2段式で、全長約60m、直径5・4m。第1段には液体酸素と液体水素を推進剤とするヴァルカン2・1エンジンが使われる。第2段には液体酸素と液体水素を推進剤とする再着火型のヴィンチ・エンジンが使われる。固体ロケット・ブースターは全長13・5mのP120C。このP120Cは、小型衛星打ち上げ用のヴェガ・ロケットの増強型（ヴェガCロケット）の第1段にも使われる予定である。アリアン6にはこの固体ロケット・ブースターを2本用いる62型と、4本用いる64型がある。アリアン62は低軌道に10t、静止トランスファー軌道に5tを打ち上げ可能。アリアン64は低軌道に20t、静止トランスファー軌道に10・5tを打ち上げる能力をもつ。

アリアン62（左）とアリアン64（右）（画像：アリアンスペース）

アリアン6の初号機はアリアン62で、打ち上げは2020年後半とされている。フランス領ギアナのギアナ宇宙センターから、ワンウェブ社の衛星30機を打ち上げることになっている。

アメリカ：アトラス、デルタからヴァルカンへ

アメリカの衛星打ち上げの歴史をみると、ロッキード・マーチン社のアトラス・シリーズとボーイング社のデルタ・シリーズが大きな役割を果たしてきたことがわかる。ロッキード・マーチン社とボーイング社は、衛星打ち上げに関して2006年にULA（ユナイテッド・ローンチ・アライアンス）社をつくり、衛星打ち上げサービスを行っている。現在、ULAがアトラスV（5型）ロケットとデルタⅣロケットの後継機として開発しているのがヴァルカン・ロケットである。ヴァルカン・ロケットの初期のタイプは、第2段にエアロジェット社のRL－10エンジンを用いるセントール上段が用いられ、ヴァルカン・セントール・ロケットとなる。RL－10は液体酸素と液体水素を推進剤とするエンジンで、

ヴァルカン・セントール(画像:ULA)

アトラスⅤやデルタⅣの上段にも使われてきた。

第1段のエンジンにはブルー・オリジン社が開発しているBE－4が採用される。BE－4は液体酸素と液体メタンを利用するエンジンで、再使用が可能。第1段には2基のBE－4が使われる。固体ロケット・ブースターは6本である。

ヴァルカン・セントールは低軌道に40tを打ち上げ可能で、初打ち上げは2020年中ごろの予定だったが、2021年になる模様である。

アメリカの重量級ロケットとしては、すでにスペースX社の「ファルコン・ヘヴィー」が登場している。

ファルコン・ヘヴィーの第1段は、ファルコン9の第1段をセンターコアとし、さらに同じ第1段を2本、左右にブースターとして束ねている。ファルコン9の第1段には、液体酸素とケロシンを推進剤とするマーリン1Dエンジンが9基使われているので、ファルコン・ヘヴィーは合計27基のエンジンに点火して発射台を離れることになる。ファルコン・ヘヴィーの全長は70m。打ち上げ能力は静止トランスファー軌道に8tとされている。

ファルコン・ヘヴィーは2018年1月に試験打ち上げに成功した。この時のペイロード（積載物）は、テスラ社のスポーツカー、テスラ・ロードスターであった。スペースX社のCEOイーロン・マスクは、テスラのCEOでもある。2019年4月11日には初の商業打ち上げを行った。ペイロードはサウジアラビアの静止衛星「アラブサット6A」で、衛星の重量は約6t。この打ち上げでは、センターコアおよび2基のブースターの回収に成功した。

2019年6月25日には通算3回目の打ち上げを実施。アメリカ空軍の24機の小型衛星を異なる軌道に投入した。このために、第2段のマーリン1D－Vacエンジンは、高度860km～1万2000kmで、合計4回のエンジン燃焼停止・再着火を行った。この打ち上げでは2基のブースターは回収に成功したが、センターコアは回収することができなかっ

ファルコン・ヘヴィーの打ち上げ（2019年6月25日）（画像：スペースX）

た。フェアリング（ロケット先端のカバー）は片方の回収に成功している。

ファルコン9でもブースター、センターコア、フェアリングの回収と再利用が行われており、再使用ロケットの分野では、スペースX社は他社より一歩先んじている。

ブルー・オリジン社は重量級ロケット、ニュー・グレンの開発を進めている。前述したがグレンの名は、アメリカ初の有人地球周回飛行を行ったジョン・グレン宇宙飛行士にちなんだものである。

ニュー・グレンは2段式と3段式のタイプがある。直径は7mで、全長は2段式が約82m、3段式は約94mである。第1段にはBE－4エンジンが7基用いられる。第2段

ニュー・グレン（画像:ブルー・オリジン）

には液体酸素と液体水素を推進剤とするBE－3Uエンジンが2基用いられる。第3段はBE－3Uエンジンが1基である。ニュー・グレンの2段式の打ち上げ能力は、低軌道に45t、静止トランスファー軌道に13tとされている。

ブルー・オリジン社は2021年にニュー・グレンの初打ち上げを目指している。

ノースロップ・グラマン社は国防省の衛星打ち上げ用に「オメガ・ロケット」を開発中で、中量級タイプは2021年、重量級は2024年に初打ち上げの予定である。

ロシア：プロトンからアンガラへ

ロシアはアンガラ・ロケットの開発を進め

ている。アンガラ・ロケットはURM（ユニヴァーサル・ロケット・モジュール）という共通モジュールを組み合わせて、小型衛星の打ち上げから重量級ペイロードの打ち上げまでを行う複数のタイプのロケットを実現させる構想である。現在ソユーズ宇宙船の打ち上げなどに使われているソユーズ・ロケット、中量級打ち上げロケットの「ゼニット」、そして重量級のプロトン・ロケットを将来代替するロケット、という位置付けである。

アンガラ・ロケット

　1段目のURM－1は液体酸素とケロシンを推進剤とするRD－191エンジンを1基用いる。2段目のURM－2には液体酸素とケロシンを推進剤とするRD－0124Aエンジンを1基用いる。これらと上段の組み合わせによって、いくつものアンガラ・ロケットが構想されているが、開発は遅れている模様で、現在のところ、実際に打ち上げが行われたのはアンガラ1・2とアンガラA5のみである。

アンガラ1・2は2014年に初号機が打ち上げられた。アンガラ1・2の第1段にはURM－1が1基用いられている。打ち上げ能力は低軌道に3・7t。アンガラA5も2014年に初打ち上げが行われた。第1段のURM－1に4基のURM－1がブースターとして束ねられている。アンガラA5の打ち上げ能力は低軌道に24・5tとされている。

現在ロシアでは、ソユーズ宇宙船の後継機となる新しい有人宇宙船「フィデラーツィア」を開発している。フィデラーツィアはアンガラA5の有人打ち上げバージョンであるアンガラA5Pで打ち上げられることになっている。現在、極東にボストーチヌイ宇宙基地が建設されており、ここにアンガラ5シリーズの発射台が建設中である。

ロシアではソユーズ5ロケットの開発も進められている。ソユーズ5は低軌道に15・5t、静止トランスファー軌道に5tの打ち上げ能力をもつ。第1段に使われるのはRD－171MVエンジンで、これは現在ゼニット2およびゼニット3に使われているRD－171Mの派生型である。RD－171MVは液体酸素とケロシンを推進剤にしている。第2段には2基のRD－0124MSエンジンが使われる。

現在のソユーズ・ロケットは開発者セルゲイ・コロリョフが1957年に人工衛星スプートニク1号を打ち上げたロケットにまで系譜をさかのぼることのできる、いわばロシアのレ

ソユーズ5（写真提供:RSC Energia）

ジェンドとなっているロケットである。しかし、ソユーズ5はこの流れを汲むロケットではなく、むしろゼニット・ロケットから生まれたロケットということができる。2022年に初打ち上げを目指している。

ソユーズ5は、第1段2本をブースターとして組み合わせる増強型も構想されている。この重量級ソユーズ5は、アンガラA5ロケットと同等の打ち上げ能力をもつことになる。アンガラ・ロケットの開発が遅れていることから、ソユーズ5とアンガラの重量級は何らかの形で合流するのではないかという見方もある。

また、フィデラーツィアの打ち上げもソユーズ5になる可能性がある。ソユーズ5の打ち上げ場所は、カザフスタンのバイコヌール宇宙基地のバイテレク射場となる。そのため、ロシアの有人宇宙船の発射場はバイコヌールからロシア領内のボストーチヌイに移るはずだったものが、ふたたびバイコヌール宇宙基地になる可能性も出てきている。

さらにロシアでは、月ミッションに向けた巨大ロケット「エニセイ」の開発にも着手しているという。エニセイは月軌道に27tを打ち上げることのできる能力をもち、2028年に初打ち上げを目指している。エニセイの第2段にはソユーズ5の第1段が使われる可能性もある。

中国：長征5号

静止トランスファー軌道に13tのペイロードを投入できる中国の長征5号は、2016年11月に初打ち上げに成功したが、2017年7月の2回目の打ち上げは失敗し、現在運用が停止している。第1段エンジンのターボポンプの故障が原因とみられ、ターボポンプの大幅な設計変更が必要となったようだ。「リターン・トゥ・フライト」となる3回目の打ち上げは2020年となる模様。

長征5号の第1段には液体酸素と液体水素を推進剤とするYF－77エンジンが2基使わ

れ、YF－100エンジン2基からなるブースターが4本ついている。第2段は再着火可能なYF－75Dエンジン2基を用いている。YF－75Dも液体酸素と液体水素を推進剤とするエンジンである。

中国が計画している独自の宇宙ステーションの打ち上げには、長征5号の第1段とブースター4本からなる長征5号Bが使われる。長征5号Bは低軌道に23tを打ち上げる能力をもっている。長征5号の打ち上げ再開が成功すれば、長征5号Bも2020年に初打ち上げが行われる見通しである。

なお、中国では月ミッション用の巨大ロケット長征9号も開発中である。

小型ロケットの流れ――ロケット・ラボ社の成功とヴェクター社の失敗

小型ロケットによる商業打ち上げサービスを目指す企業は、世界中で100以上あるともいわれている。その中で、現在のところトップを独走しているのがロケット・ラボ社である。同社のエレクトロン・ロケットは2段式で、第1段に液体酸素とケロシンを推進剤とするラザフォード・エンジンを使用、第2段には同エンジンのヴァキューム・タイプを使

エレクトロン・ロケット（画像：ロケット・ラボ）

用している。さらにこの上にキックステージを搭載して衛星を軌道投入する。ラザフォード・エンジンはバッテリーでターボポンプを駆動するのが特徴である。全長17mで、低軌道に225kg、高度500kmの太陽同期軌道に150kgの打ち上げ能力をもっている。

エレクトロン・ロケットは2018年に初の商業打ち上げを行った。これを含め、これまで8回の打ち上げを行い、すべて成功させている。

エレクトロンはニュージーランド、マヒア半島の射場から打ち上げられるが、今後はアメリカ、ヴァージニア州のNASAワロップス飛行施設にも射場を設けることになっている。また、同社は第1段の再使用に取り組むとも発表している。さらに最近は月軌道あるいはそれ以遠にも衛星ないし探査機を投入できるシステムも開発するなど、旺盛な営業活動を続けている。

このロケット・ラボ社を追う2番手とみられていたのが、ヴェクター社であった。ヴェクター社はスペースX社の創業チームが設立した企業で、全長13m、低軌道に50kgを投入できる「ヴェクターR」と、全長16mで低軌道に290kgを投入できる「ヴェクターH」を開発していた。2017年にはヴェクターRの打ち上げ試験を2回行った。

2019年、同社はアメリカ空軍と衛星打ち上げの契約を結んだものの、その直後に資金調達がうまくいかず、業務停止の状態に陥った。

ロケット・ベンチャーが開発しているロケットの多くは小型の固体燃料ロケットであるが、液体燃料を用いるロケットを開発している企業もある。

ABLスペース・システムズ社は、推進剤に液体酸素とケロシンを用いる全長27mのRS1ロケットの開発を進めている。低軌道に1・2t、高度500kmの太陽同期軌道に875kgを投入可能とのことで、小型衛星打ち上げ用ロケットとしてはかなり大型の部類に属する。2020年の初打ち上げを目指している。

ファイアーフライ社が開発しているアルファ・ロケットもケロシンを燃料とする液体燃

料ロケットで、低軌道に1t、高度500㎞の太陽同期軌道に630kgの打ち上げ能力をもつ。同社ではより大型のベータ・ロケットの構想もある。

中国では小型衛星打ち上げロケットの開発が活況

ロケット・ラボ社は事業立ち上げに成功したが、多くの企業はロケット開発と資金調達、顧客獲得に苦心している状況である。ヴェクター社業務停止のニュースは、改めて小型衛星商業打ち上げサービスの難しさを教えられる出来事となった。

そうした中で勢いを増しているのが、中国のベンチャー企業で、アイ・スペース社、ワン・スペース社、ランド・スペース社のベンチャー3社が活発な動きを見せている。

アイ・スペース社は2019年7月に、同社の小型衛星打ち上げロケット「双曲線1号」によって中国の民間企業として初めての衛星打ち上げに成功している。

ワン・スペース社は小型ロケット「ワン・スペースM1」を開発している。ワン・スペースM1は4段式で、第1段から第3段までは固体燃料ロケット、第4段に液体エンジンを採用している。全長19mで、低軌道に205kg、高度800㎞の太陽同期軌道に73kgを投入可能である。

ランド・スペース社は中型衛星打ち上げロケット「朱雀2号」の初打ち上げを2021年に予定している。朱雀2号は液体酸素と液化メタンを推進剤としている。全長約49m、直径約3mと、かなり大きい。2段式ロケットで、低軌道に4t、高度500㎞の太陽同期軌道に2tの打ち上げ能力をもつ。

さらに、ギャラクティック・エナジー社は固体燃料ロケット「CERES－1」を開発中で、2020年に初打ち上げを計画している。3段式の固体燃料ロケットで、さらに上段に液体燃料ロケットを採用している。低軌道に350kg、太陽同期軌道に230kgの打ち上げ能力をもつ。

政府系の企業も小型衛星打ち上げロケットの開発に力を入れており、その中には商業打ち上げ市場に参入しようとするものもある。

中国の基幹ロケット、長征シリーズはずっと液体燃料ロケットであるが、2015年に登場した長征11号は全長約21mの小型固体ロケットであった。低軌道に700kg、太陽同期軌道に350kgの打ち上げ能力をもつ。長征11号は2019年1月までに酒泉宇宙センターから合計6回の打ち上げを行い、2019年6月には7回目の打ち上げを、初めて洋上で行い、小型衛星7機の同時打ち上げに成功している。

小型固体燃料ロケットの快舟シリーズは、そのルーツをたどると、かなり長い歴史を持つロケットである。2019年8月には「快舟1号A」による小型衛星2機の同時打ち上げに成功しており、商業打ち上げ市場に参入する可能性がある。

中国の巨大宇宙企業である中国航天科技集団有限公司（CASC）傘下の中国長征ロケット有限公司は、商業打ち上げ用にドラゴン・シリーズのロケットを開発している。ドラゴン・シリーズの小型固体燃料ロケット「捷龍1号」は2019年8月17日に初打ち上げを行った。小型衛星3機の同時打ち上げに成功している。4段式で全長20m、高度500㎞の太陽同期軌道に200㎏の打ち上げ能力がある。ドラゴン・ロケットには、液体燃料ロケットの「騰龍」シリーズもある。

空中発射式の衛星打ち上げも実現間近

航空機からロケットを発射し、衛星を軌道投入する方法も開発されている。

ヴァージン・ギャラクティックの子会社、ヴァージン・オービット社が開発している空

ローンチャーワン（画像:ヴァージン・オービット）

中発射式の衛星打ち上げシステムは、母機のボーイング７４７「コズミック・ガール」に小型衛星打ち上げロケット「ローンチャーワン」を懸吊《けんちょう》して離陸、高度1万m以上でローンチャーワン・ロケットを発射し、衛星を軌道に乗せるというものである。

ローンチャーワンは、２０２０年に初打ち上げを行うとみられる。

ビル・ゲイツとともにマイクロソフト社を創業したポール・アレンが経営していたストラトローンチ・システムズ社も、空中発射式の衛星打ち上げを目指している。同社はそのために全長72・５m、翼幅１１７mという巨大な航空機「ストラトローンチ」を製造した。しかしながら２０１８年にアレンが亡くなり、

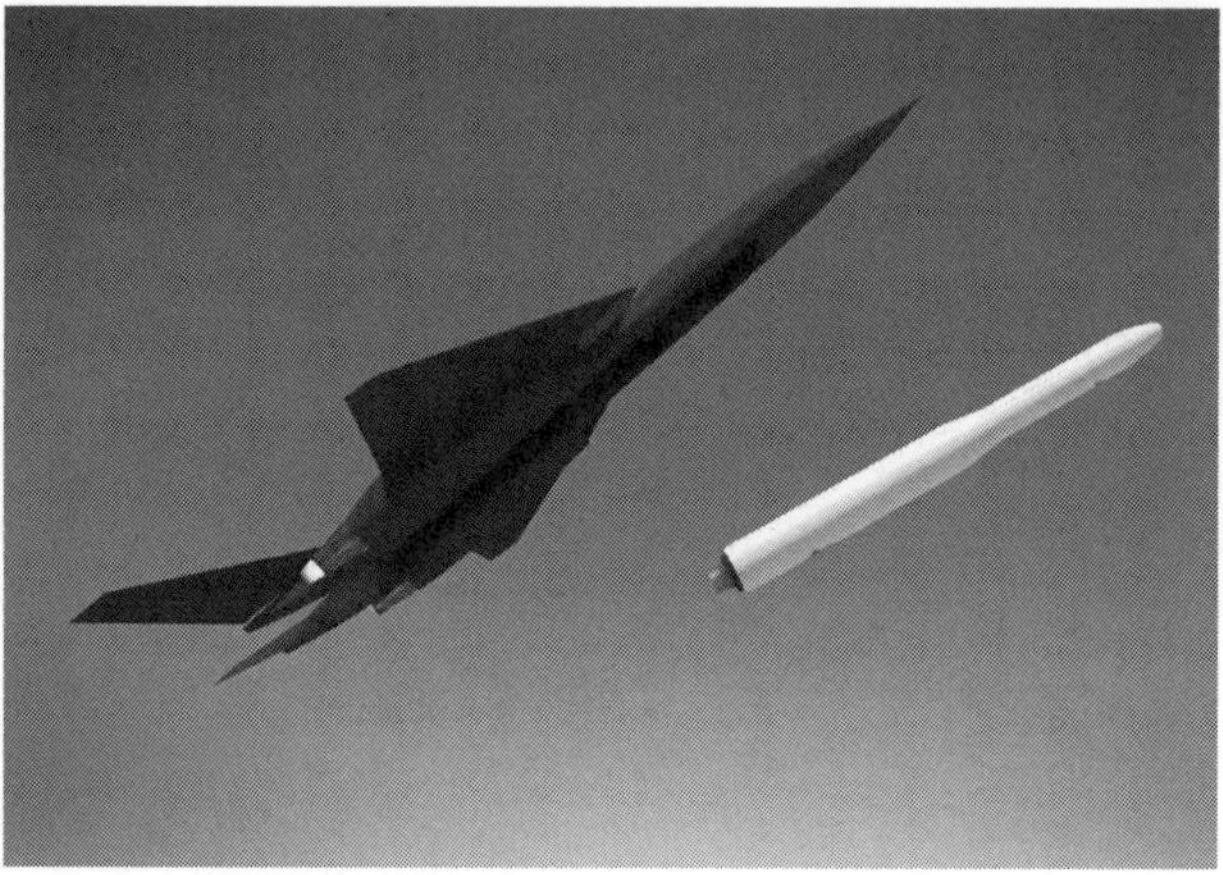

レイヴンXによる空中発射（画像:エアヴァム）

ストラトローンチ・システムズ社は大きなビジョンを失うこととなった。同社は独自の打ち上げロケットを開発していたが、アレンの死去にともない、新たな打ち上げロケットの開発は行わず、ノースロップ・グラマン社のペガサス・ロケットの空中発射のみを行うとしている。

前述したヴェクター社の事業停止後、アメリカ空軍は同社との契約をキャンセルした。この契約は小型衛星の迅速な打ち上げを可能にするシステムの開発に関するものであった。アメリカ空軍はその後、アラバマ州のスタートアップ企業のエアヴァム社と契約を結んだ。エアヴァム社はターボジェット・エンジン、再利用可能な無人機による空中発射システム、

スペースワン社の小型ロケット（画像：スペースワン）

「レイヴンX」を開発している。このシステムは航空機のパイロットが不要であることが大きな特長で、3時間の準備で衛星打ち上げが可能という。

小型衛星と小型ロケットの未来

以上のように、世界の宇宙開発では小型ロケットの開発と商業打ち上げサービスへの参入という大きな流れがある。

日本でもインターステラテクノロジズ社がMOMOシリーズの開発を経て、軌道投入が可能なロケット「ZERO」の開発を進めている。2023年中の打ち上げを目指すと発表している。1回あたり約6億円以下の低コストかつ高頻度な超小型衛星の打ち上げを目指している。また、キヤノン電子、ＩＨＩエアロスペース、清水建設、日本政策投資銀行が設立した宇宙ベンチャー、スペースワン社が小型ロケットによる商業打ち上げを目指している。

ZERO（画像:インターステラテクノロジズ）

現在では技術が進み、10㎝立方のキューブサットでも、さまざまな宇宙ミッションを行うことができるようになった。小型衛星の打ち上げが安価にできるようになれば、打ち上げ需要はさらに増大することになるであろう。小型衛星と小型ロケットの未来には大きな可能性がある。一方、それだけの可能性を秘めているがゆえに、各企業はきわめてきびしい競争に勝つことが必要になっている。

第5章

独自の路線で開発を進める宇宙新興国

現在では世界中の多くの国が宇宙への進出に挑戦している。この章では、宇宙先進国といえるアメリカ、ロシア、日本、ヨーロッパ以外の国の宇宙開発事情をいくつか紹介しよう。中国やインドの台頭がめざましい。また、東南アジア諸国や中東諸国でも宇宙へのチャレンジがはじまっている。これらの国々では技術の開発だけでなく、宇宙産業や人材育成が大きな目標となっている。

中国

中国は１９４９年の建国直後から宇宙開発に取り組んだ。ソ連（当時）とアメリカに対抗するためには「両弾一星（核爆弾、ミサイル、人工衛星）」が必要と判断したからである。中国は１９７０年に人工衛星の打ち上げに成功した。日本に遅れること2か月、世界で5番目の衛星打ち上げ国となったのである。１９９２年には有人宇宙飛行計画をスタートさせ、２００３年、「神舟5号」に搭乗した楊利偉《ようりい》が中国初の宇宙飛行を行った。これによって、中国は自力で人間を宇宙に送った世界で3番目の国になった。

現在、中国は習近平《しゅうきんぺい》体制の下、アメリカに対抗する宇宙強国を目指している。衛星や探査機の打ち上げ数でみると、２０１８年に中国は39回の打ち上げを行った。アメリカの打ち上げ数は34回であった。この年、中国の年間打ち上げ数はアメリカを上回り、世界一となった。２０１９年も、中国の打ち上げ数はアメリカを上回っている。いかに最近の中国が活発な宇宙活動を行っているかが分かるであろう。

中国の打ち上げる衛星は通信衛星、地球観測衛星、気象衛星、偵察衛星、技術試験衛星などさまざまで、最近はダークマター（暗黒物質）を観測する「悟空」や、量子通信実験を行う「墨子」など、先端的な科学を行うための衛星も打ち上げている。

中国の衛星は長征2号シリーズ、長征3号シリーズ、および長征4号シリーズのロケットで打ち上げられてきた。現在は長征5号、長征6号、長征7号へのリプレースを進めている。長征2号、3号、4号はＩＣＢＭ（大陸間弾道ミサイル）東風5号（ＤＦ－5）から派生したもので、燃料には人体に有害なヒドラジンが用いられてきた。これを液体酸素と液体水素を推進剤とするロケットに置き換えようというのである。

長征5号は全長約58ｍの重量級ロケットで、第1段にはＹＦ－77液酸液水エンジンが2基使われ、4本のブースターにはそれぞれケロシンを燃料に用いるＹＦ－１００エンジン2基が使われている。第2段にはＹＦ－75Ｄ液酸液水エンジンが2基用いられる。長征5号は静止トランスファー軌道に13ｔの打ち上げ能力がある。２０１６年の初打ち上げは成功したが、2017年の2回目の打ち上げは失敗した。第1段エンジンのターボポンプの不具合が原因と考えられ、打ち上げ再開は2020年初めとみられる。長征6号は全長30mの小型のロケットで、液体燃料ロケットであるにもかかわらず、準備から打ち上げまで短時間に行える特長をもつ。低軌道に1・5t、太陽同期軌道に1tの打ち上げ能力をもつ。これまでに3回の打ち上げを行った。長征7号は低軌道に10tの打ち上げ能力をもつ中量級ロケットで、長征2号、3号、4号が行ってきた衛星打ち上げミッションの多くをになうことになるが、打ち上げはまだ2回しか行われていない。

中国の衛星打ち上げは内モンゴル自治区にある酒泉衛星発射センター、および内陸にある西昌衛星発射センターと太原衛星発射センターで行われてきたが、2015年、海南島に4番目の発射場として文昌衛星発射センターが完成した。長征5号と7号はここから打ち上げられる。

中国は独自の宇宙ステーション「天宮」の建設を計画している。天宮はコア・モジュール「天和」、これにドッキングする「問天」モジュール、「巡天」モジュールからなり、宇宙飛行士が長期滞在して宇宙実験などを行う。各モジュールの打ち上げに使われるのは2段式の長征5号Bである。長征5号Bは低軌道に23tの打ち上げ能力をもつ。長征5号B

の打ち上げは長征5号の打ち上げ再開後になるので、天宮の建設開始は2020年半ばになる可能性がある。

中国は有人宇宙船「神舟」に代わる新しい有人宇宙船の開発を進めている。この宇宙船を打ち上げるのは長征7号である。

中国は有人月着陸を目指しており、そのための巨大ロケット長征9号も開発中である。

中国は無人月探査機「嫦娥」シリーズを月に送っている。嫦娥3号は2013年に雨の海への着陸に成功した。2019年には嫦娥4号が月の裏側に着陸した。嫦娥5号は2020年に打ち上げ予定で、表側のリュンカー山に着陸し、サンプルリターンを行う予定である。

中国の月探査計画は科学研究以外に、月着陸技術の習熟という意味をもち、将来の有人月着陸機の技術につなげていく目的ももっている。今後の嫦娥探査機は月の極域に着陸し、水の探査などを行うことになる。人類を月に送る計画が着々と進んでいる。

インド

インドは宇宙でも中国のライバルになりつつある。

インドは通信衛星、気象衛星、地球観測衛星など、数多くの衛星を打ち上げ、運用してきた。打ち上げに使われたロケットは低軌道や太陽同期軌道にはPSLV、静止軌道にはGSLV、GSLV－Mk2というロケットである。衛星やロケットの開発、打ち上げなどを担当しているのはインド宇宙研究機関（ISRO）である。

インドは新しい大型ロケットGSLV－Mk3の開発に成功した。GSLV－Mk3は低軌道に8t、静止トランスファー軌道に4tを打ち上げる能力をもつ。全長43mで、第1段はヴィーカス・エンジン2基のクラスターとなっている。ヴィーカス・エンジンは燃料に非対称ジメチルヒドラジン（UDMH）を、酸化剤に四酸化二窒素（N_2O_4）を使っている。第1段には大型の固体ロケット・ブースターが2本装着される。第2段は液体酸素と液体水素を推進剤とするCE20エンジンが用いられている。

GSLV－Mk3が2回の試験打ち上げに成功した後、2019年に打ち上げたのが月探査機「チャンドラヤーン2号」である。インドは2008年に月周回探査機「チャンドラヤーン1号」を打ち上げ、月表面の観測を行った。チャンドラヤーン2号は月周回機と月着陸機からなっていた。着陸機にはローバーが搭載されており、月面を移動しながら表面物質の調査を行うことになっていた。チャンドラヤーン2号は月周回軌道に入ったが、着陸には失敗した。

しかしながら、インドは今後も月探査を積極的に進める方針である。日本のＪＡＸＡは現在、月面へのピンポイント着陸を行う小型月着陸実証機ＳＬＩＭ打ち上げの準備を進めているが、ＳＬＩＭの次の月ミッションとして考えられているのが、月の南極を目指す着陸機である。この着陸機はインドとの共同ミッションになる予定である。

インドは火星探査にも取り組んでいる。火星探査機ＭＯＭ－１は２０１３年に打ち上げられ、火星周回軌道に入った。２０２０〜２０２１年にはＭＯＭ－２を打ち上げる予定である。

ＧＳＬＶ－Ｍｋ３は有人宇宙船の打ち上げにも使用される予定である。インドのモディ首相は２０１８年８月に、２０２２年までに有人宇宙飛行を行うと声明した。インドには以前から有人宇宙飛行計画が存在したが、モディ首相の声明によって、計画に正式に「ＧＯ」がかかったことになる。インドの有人宇宙飛行ミッションは「ガガンヤーン」とよばれる。開発中の有人宇宙船は３人乗りで、軌道モジュール、機械モジュール、帰還モジュールの３つからなり、軌道上に約１週間とどまることができるという。これが成功すれば、インドは自力で人間を宇宙に送った４番目の国となる。ＩＳＲＯ内には宇宙飛行士の選抜や訓練などを行う有人宇宙飛行センターも設立されている。

インドはさらに有翼の再使用型有人宇宙船、すなわちミニ・シャトルの開発も進めている。

インドは独自の航行測位衛星システムもっている。インド周辺地域を対象にしたシステムで、NAVICとよばれ、3機の静止軌道衛星と4機の傾斜角のある地球同期軌道の衛星によって構成されている。2016年に運用を開始している。

インドは企業や大学による小型衛星の利用促進にも取り組んでいる。また、小型衛星打ち上げのためのロケットSLVを開発している。

韓国

韓国は地球観測衛星コンプサット・シリーズや多目的静止衛星GEOコンプサット・シリーズ、通信衛星コリアサット・シリーズなどの衛星を運用しているが、自ら衛星を打ち上げるロケットをもっていない。韓国が1990年代末に開発をスタートさせたKSLV－1ロケットは、第1段にロシアのアンガラ・ロケットの第1段を用いたが、結局、開発はうまくいかなかった。

現在はKSLV－2ロケットを開発中である。KSLV－2は3段式で、新たに開発した液体燃料エンジンを第1段に4基、第2段に1基用いている。低軌道に1・5tを投入可能で、2021年に初打ち上げの予定とされている。KSLV－2は韓国の将来の月周回および着陸ミッションにも用いられるという。

韓国は2008年4月8日に女性宇宙飛行士イ・ソヨンがソユーズ宇宙船で国際宇宙ステーションに向かい、国際宇宙ステーションに9日間滞在した後、4月19日に地球に帰還した。しかしその後、韓国に次の有人宇宙飛行を目指す目立った動きはない。

インドネシア

インドネシアの国土は多数の島嶼《とうしょ》からなる。その数は1万3000以上といわれる。しかも、スマトラ島からニューギニア島西部まで、東西に長く広がっている。ここに人口世界第4位となる2億6000万人が生活している。こうした事情のため、インドネシアでは、通信、気象観測、国土管理、防災などに衛星を利用することの重要性に早くから気づいていた。インドネシアの宇宙機関である国立航空宇宙研究所（LAPAN）が設立されたのは1964年のことであった。

LAPANは気象衛星や地球観測衛星のデータ利用に力を入れており、日本の「ひまわり」やアメリカのNASA、NOAA（アメリカ海洋大気庁）の地球観測衛星、中国の気象衛星のデータを受信する地上局をもっている。

LAPANでは小型衛星打ち上げロケットRPSの開発も行っている。

インドネシアは通信衛星の利用にも早くから取り組み、衛星通信ネットワークを形成している。通信衛星「パラパB2」は、1984年にスペースシャトルで打ち上げたものの軌道投入に失敗したため、同年の別のスペースシャトルで回収した衛星として有名である。同衛星はその後、再打ち上げされた。現在、ハイスループット（大容量通信）衛星の開発にも取り組んでいる。

インドネシアは現在、自国で衛星を開発・製作できる人材育成に取り組んでいる。同国が開発した超小型衛星が国際宇宙ステーションの「きぼう」日本実験棟から放出されることになっている。

フィリピン

2019年にフィリピンでは宇宙機関を設立することが議会で決定された。今後、宇宙への取り組みを強化していくとみられる。

国土が多数の島嶼からなるため、フィリピンでは衛星による通信および放送サービスが進んでいる。一方、自国で衛星を開発する取り組みもなされている。この取り組みで開発された「ディワタ1」は重量50kgの小型地球観測衛星で、2016年にアメリカのシグナス宇宙船で国際宇宙ステーションに運ばれた後、「きぼう」日本実験棟のエアロックから軌道に放出された。2機目の「ディワタ2B」は、2018年に日本の温室効果ガス観測技術衛星「いぶき2号」がH－ⅡAロケットで打ち上げられた際に、小型副衛星の1つとして打ち上げられた。

ベトナム

ベトナムは地球観測衛星のデータ利用を積極的に行っている。これまでは光学衛星のデータ利用であったが、日本の協力の下、小型レーダー地球観測衛星「ロータサット1」および「ロータサット2」を打ち上げる計画を進めている。「ロータサット」は日本の「あすなろ2」をベースにした衛星で重量約500kg、合成開口レーダー（SAR）を搭載している。ベトナムにとって初めてのレーダー衛星となる。ベトナム全土の防災や資源保全、気候変動対策などに利用される。ロータスサット1は2023年打ち上げの予定である。

ベトナムは中国が人工島を建設しているパラセル諸島やスプラトリー諸島周辺の調査にも地球観測衛星を利用している。

タイ

チャオプラヤー川（メナム川）流域に世界有数の稲作地帯を擁するタイは、早くから農業や気象観測、防災などに衛星を利用してきた。地球観測衛星「テオス1」を打ち上げており、次期衛星「テオス2」を開発中である。地球観測衛星の画像を解析するリモート・センシング技術の研究にも取り組んでいる。

タイが地球観測衛星の研究をスタートさせた頃は、アメリカ、日本、フランスなどの西側諸国が協力した。日本は1980年代にNASDA（宇宙開発事業団。JAXAの前身の一つ）の地球観測衛星のデータを受信する地上局をタイ国内に設置した。この地上局は後にタイに移管された。しかしながら、最近のタイは中国との関係を深めている。

タイは通信衛星の分野にも力を入れている。通信事業の大手はタイコム社で、自ら保有するタイコム衛星シリーズで衛星通信サービスを行っている。

マレーシア

2007年10月10日、マレーシアのムスザファー・シュコール宇宙飛行士はソユーズ宇宙船で国際宇宙ステーションに向かった。国際宇宙ステーションに9日間滞在したシュコール宇宙飛行士は10月21日に帰還した。この飛行は、マレーシア人の宇宙飛行士を宇宙に送ることを目的とした「アンカサワン計画」にもとづくものであった。シュコール宇宙飛行士は国際宇宙ステーションに滞在する最初のイスラム教徒となった。マレーシア宇宙庁は国際宇宙ステーションでの礼拝や食事について、あらかじめガイドラインをつくり、シュコール宇宙飛行士を宇宙に送り出した。

シュコール宇宙飛行士は国際宇宙ステーションに滞在中、いくつかの宇宙実験を行った。マレーシアはその後、日本との協力のもと、国際宇宙ステーションでのタンパク質結晶生成実験も行っている。

マレーシアは農業、漁業、防災、森林管理などに地球観測衛星のデータを活用しており、衛星技術の習得や人材育成にも力を注いでいる。

ウクライナ

ウクライナはかつて宇宙機器やロケットの開発・製造でソ連の宇宙開発の一翼をになっていた。しかし、ソ連崩壊後、事情はだいぶ変わってしまった。ロシアは基幹宇宙技術のウクライナ依存を減らすことを国策としており、さらに2014年のロシアによるクリミア併合後は、宇宙分野でも両国の関係は冷え込んでしまった。

旧ソ連時代から衛星打ち上げに活躍してきた中量級ロケット「ゼニット」はウクライナで生産されていたが、第1段エンジンがロシア製のため、生産はストップしてしまった。ただし、ゼニットを打ち上げていたシーローンチ社を買収したロシア企業が、新たにゼニットを発注したという報道もある。しかし、ロシアではゼニットに代わるソユーズ5ロケットの開発が進んでおり、ゼニット・ロケットの未来が明るいとはいえない。

旧ソ連のICBM（大陸間弾道ミサイル）をもとにウクライナが開発したドニエプル・ロケットは、以前はロシアとウクライナが合同で打ち上げサービスを行ってきたが、この打ち上げも現在では中止されている。

最初に宇宙を飛んだウクライナ出身の宇宙飛行士は、1962年のボストーク4号に搭乗したパーヴェル・ポポーヴィチである。ソ連時代にはウクライナ出身の宇宙飛行士が活躍していたが、ソ連崩壊後は、1997年にレオニード・カデニューク宇宙飛行士がスペースシャトル「コロンビア」に搭乗したのみである。その後、ウクライナには目立った有人宇宙計画はない。

ウクライナは優秀な宇宙技術を有しているが、ロシアとの関係改善と経済停滞から脱却できない限り、積極的な宇宙計画を展開できない状態にある。

カザフスタン

カザフスタンはソ連の宇宙開発に深くかかわってきた歴史をもつ。バイコヌール宇宙基地にはソユーズ・ロケットをはじめ数々のロケットの射点が建設された。世界初の人工衛星スプートニク1号や世界初の有人宇宙飛行を実現したボストーク1号の打ち上げもバイコヌールから行われた。また、同国の平原はソユーズ宇宙船の着陸場所となっている。

ソ連崩壊後も、同国は深くロシアの宇宙開発とかかわっている。現在も国際宇宙ステーションへのソユーズ宇宙船の打ち上げが行われているバイコヌール宇宙基地は、2050年までロシアが借りる契約が結ばれている。また、ソユーズ宇宙船の帰還場所も引き続き利用されている。現在、ロシアは極東にボストーチヌイ宇宙基地を建設中であるが、ボストーチヌイ完成後も、引き続きバイコヌールを利用することを明らかにしている。

バイコヌール宇宙基地内に建設予定のバイテレク射点は、ゼニット・ロケットの打ち上げ用として計画されたが、ロシアによるクリミア併合の影響でこの計画は中止された。その後、ここをソユーズ5ロケットの射点とすることが決定されている。

カザフスタンはロシアの測位衛星システム「グロナス」を利用した精密測位システムの開発など、ロシアの衛星の利用も、ソ連時代から行ってきた。衛星の開発・製造・打ち上げ、宇宙産業の育成、商業打ち上げサービスへの参入などを行うための宇宙機関が航空宇宙委員会（カズコスモス）である。カズコスモスは２０１４年に、それ以前のカザフスタン宇宙機関が改組されてできた組織である。

カザフスタン出身の宇宙飛行士は3人である。このうち、タルガット・ムサバイエフはソ連時代に2回、ミール宇宙ステーションに滞在し、さらに２００１年に国際宇宙ステーションに短期滞在している。トクタル・アウバキロフはソ連崩壊直前にミール宇宙ステーションに短期滞在した。アイディン・アイムベトフ宇宙飛行士は２０１５年９月２日にソユーズ宇宙船で国際宇宙ステーションに向かった。国際宇宙ステーションに８日間滞在した後、9月12日に地球に帰還した。

アラブ首長国連邦（UAE）

アラブ首長国連邦は今後の産業育成に宇宙関連技術が重要な役割を果たすとして、宇宙開発に積極的に取り組みはじめた。2014年にUAE宇宙庁を設立している。

UAEの宇宙計画で大きな話題となったのが、2017年に発表した「火星2117」である。この計画は100年後の2117年までに、火星都市を建設するという壮大かつ長期間にわたる計画である。火星都市は複数の巨大ドームからなり、居住区画、科学研究区画、農業区画、博物館区画などがつくられるという。「火星2117」は、UAEがポスト石油時代の重要産業としてITとともに宇宙開発を位置付けていることを示している。さらに閉鎖型の生態系をつくっていく「火星2117」の研究で得られた成果は、国土の大半が砂漠である同国の現在の居住環境を改善していく事業にも応用できるとしている。

UAEは建国50年を迎える2021年に、無人探査機による火星周回ミッションを実施する計画を進めている。火星探査機HOPEは2020年に日本のH－ⅡAで打ち上げることになっている。

UAEは有人宇宙飛行の事業も進めている。2019年9月26日、UAEのハッザ・アル・マンスーリー宇宙飛行士は「ソユーズMS－15」で第61次長期滞在クルーと共に国際宇宙ステーションに向かい、国際宇宙ステーションに8日間滞在した後、10月3日地球に帰還した。同宇宙飛行士はUAE空軍でF16のパイロットを務めた後、2018年に宇宙飛行士として選抜された。

UAEはアメリカのアルテミス計画で月周回軌道に建設される「ゲートウェイ」にも参加する可能性がある。

ルクセンブルク

ルクセンブルクには税の優遇措置があるため、多くの多国籍企業が本社を置いている。ただし、世界最大の衛星通信企業インテルサット社も本社をルクセンブルクにおいている。ただし、実際の本社機能はワシントンDCにある。ルクセンブルクの衛星通信企業SESは設立以来規模を拡大し、現在ではインテルサット社に次ぐ衛星サービス企業となっている。最近、O3b社も買収した。世界第1位と第2位の通信衛星企業がルクセンブルクにあることになる。

ルクセンブルクがESA（ヨーロッパ宇宙機関）に加盟したのは2004年である。同国はESAに加盟している他の国とは少し異なる路線で、宇宙利用を進めている。衛星やロケットなどハードウエアの開発は行わず、宇宙技術イノベーションのセンターになることを目指している。

また、ルクセンブルクは月や小惑星の資源利用にも積極的で、国際的な法整備に向けた活動を行っている。そのため、小惑星の資源利用を目指すディープ・スペース・インダストリーズ社や月の資源利用を目指す日本のアイスペース社などが、ヨーロッパ子会社をルクセンブルクに置いている。

このほか、メイド・イン・スペース社やデンマークのゴム・スペース社など、注目を集めている企業もルクセンブルクに事務所を置いている。

第6章
宇宙と安全保障

中国の衛星破壊実験で状況が一転

宇宙空間は安全保障の面でも重要な領域になっている。

宇宙空間における安全保障問題が特に大きく取り上げられるようになったきっかけは、2007年に中国が行ったASAT（衛星破壊）実験であった。

同年1月11日、中国は西昌衛星発射センターからSC－19ミサイルを発射した。SC－19の弾頭は、高度856㎞の極軌道をまわっていた運用終了後の同国の気象衛星「風雲1号C」に衝突。風雲1号Cは一瞬にして完全に破壊された。これによって直径10㎝以上のスペースデブリ（宇宙ゴミ）が3000個も発生した。

実は中国はそれ以前にも2005年と2006年にASAT実験を行ったが失敗していた。2007年の実験は成功したが、多量のスペースデブリが発生したため、国際的に大きな批判を浴びることになった。しかし、中国はそれ以降もASAT実験をやめなかった。2010年と2013年にもSC－19によるASAT実験を行ったが、このときは宇宙空間にデブリが発生しない弾道軌道のターゲットを破壊するという方法をとった。2013

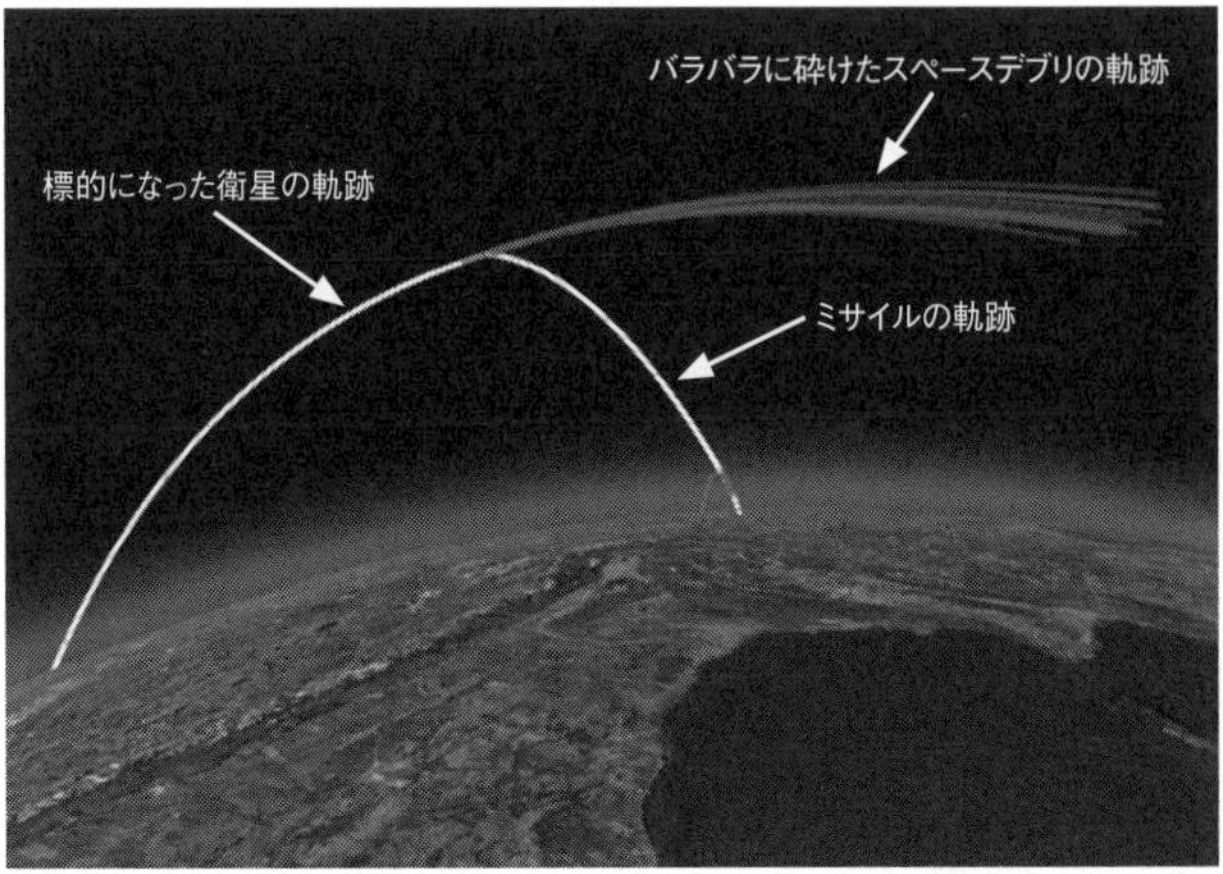

中国が行ったASAT実験

年にはＤＮ－２ミサイルによる実験を行った。この実験では、ミサイルの弾頭は高度約２万㎞まで達した後、そのまま落下した。アメリカのＧＰＳ衛星破壊を想定した実験と考えられている。２０１５年から２０１７年にかけて３回行った新型ミサイルＤＮ－３による実験は、静止軌道の衛星破壊を想定したものと見られている。

アメリカとロシアも東西冷戦時代に衛星破壊手段を開発している。しかし、ソ連崩壊後、それを使うような状況は考えられず、アメリカ、ロシアとも以後の技術開発をほとんど行わないでいた。しかし中国のＡＳＡＴ実験は、同国が現代の戦争において相手方の衛星を破壊することが非常に有効であると考えており、有事発生の際にはその手段を用いる意思があることを世界に示したものであった。

こうして、相手国の衛星破壊手段から自国の衛星をどうやって守るかが、宇宙安全保障の大きな課題として浮かび上がってきたのである。

中国は何を考えているか

なぜ、中国はASAT実験を行ったのであろうか。

現在の軍事活動では、C4ISR（指揮・統制・通信・コンピューター・情報・監視・偵察）のほとんどを宇宙空間、すなわち人工衛星に依存している。1991年にはじまった湾岸戦争におけるアメリカ軍の「砂漠の嵐作戦」を分析した中国の人民解放軍は、次のような結論を下した。「インテリジェンス活動の70～80％、通信の80％は宇宙に依存していた。今後は情報の戦争となる」。人民解放軍のこの認識は2003年のイラク戦争でさらに強まった。

人民解放軍はアメリカとの戦争に勝つには「制信息権」（制情報権）が必須であり、そのためには「制天権」（制宇宙権）が必要と考えるようになった。以後、近代化を進める人民解放軍の中で、宇宙空間を軍事活動の場としてとらえる指向が急速に強まっていったのである。

人民解放軍は現在起こりうる戦争を、アメリカとの大規模な戦争ではなく、局地戦と想定し、「情報化条件下局部戦争」とよんでいる。「情報化条件下」とは、局地戦の展開において、宇宙空間とサイバー空間での作戦が不可欠という意味である。

２０１５年12月に行われた人民解放軍の大規模再編では、「陸軍」、「海軍」、「空軍」、「戦略ロケット軍」と同じランクで、宇宙空間とサイバー空間を担当する「戦略支援部隊」が創設された。戦略支援部隊の任務は、軍事衛星ネットワークを運用し、偵察、早期警戒、通信、ナビゲーションなどの領域で人民解放軍全体の作戦を支援することにある。さらに衛星破壊手段の開発や相手国の攻撃から自国の衛星システムを防御する手段の開発もその任務に含まれている。もちろん、サイバー攻撃も戦略支援部隊の任務である。戦略支援部隊は人民解放軍の中でも最近、その存在感を増している。

アメリカはこうした中国の行動に重大な警戒心を抱いており、アメリカ国防情報局（ＤＩＡ）が２０１９年に発表した報告書『中国の軍事力』においても、「中国人民解放軍は宇宙での軍事活動能力を強化し続けている」と述べている。

衛星破壊の手段

中国が2007年に行ったASAT実験は、キネティック弾頭を用いたものである。弾頭は爆発物ではなく、堅い物体であればよい。衝突した時の運動（キネティック）エネルギーで衛星を破壊する。キネティック弾頭は衝突すれば確実に衛星を破壊できるが、多量のスペースデブリが発生するため、実際には使用が困難である。発生したスペースデブリが自国の衛星に衝突する可能性もあるからだ。さらに、ミサイルを発射した直後から、相手側の早期警戒衛星がその軌跡をとらえてしまうため、どこからミサイルを発射したかが即座にわかってしまう。

今後の衛星破壊は、こうしたハードキル手段からソフトキル手段になっていくとみられる。

では、どのようなソフトキル手段があるのだろうか。

まず、高出力レーザーの照射である。強力なレーザーを目標の衛星に当てて、衛星の心臓部や光学センサーを破壊してしまう方法である。レーザーを長時間照射していると、衛星の照射された箇所が熱をもち、やがて軌道を外れるような動きを生ずることも考えられる。

中国はすでに2005年に、アメリカの衛星に向けてレーザーを照射したことがある。この照射を行ったとされる技術者自身が、のちに中国の雑誌で語っているのである。中国のレーザーによる衛星攻撃技術は大きな進歩をとげており、最近の報道によれば、中国は2020年に低軌道の衛星を攻撃可能なレーザー兵器施設を配備予定とのことである。

このほか、高エネルギーの粒子ビームや強力なマイクロ波ビームを照射する方法もある。これらのダイレクト・エネルギー兵器とよばれる手段では、攻撃された衛星の機能停止ないし機能の一時的停止が、機器自体の不具合によるものか攻撃によるものかを判断することが難しく、結果として、攻撃を探知することが困難になる。さらに、攻撃は光速あるいはそれに近いスピードで瞬間的に行われるため、どの場所から攻撃されたかを知ることも困難である。

通信を妨害するジャミングや偽の信号を送りこむ「スプーフィング」などの方法もある。

さらにサイバー空間を利用して攻撃する方法もある。すでにNASAやNOAAの衛星が中国からのサイバー攻撃で一時的にハッキングされたとみられる事象が報告されている。

最近注目されているのは、コ・オービタル（共通軌道）衛星による攻撃である。これは軌道上に軌道変更可能な衛星を打ち上げておき、必要な際に軌道を変更して相手側の衛星に接近し、攻撃するという方法である。攻撃には、衛星自体を衝突させて破壊する方法や、近距離からレーザーや電磁波を照射する方法、ロボットアームで破壊ないし捕獲する方法などいくつも考えられている。中国は、すでにその実験と思われる小型衛星の軌道変更などを行っている。

即応打ち上げとコンステレーションが鍵に

こうした攻撃から衛星を守るのは非常に難しい。攻撃に強い、すなわち抗たん性のある衛星の開発研究も行われているが、すでに軌道上にある衛星には適用できない。

衛星が攻撃されたときの対応策としてまず考えられるのは、代替の衛星を打ち上げることであるが、現在運用されている大型の軍事衛星をあらたに製造し、打ち上げるのは時間がかかりすぎ、現実的ではない。そこで、同じ機能をもつ小型衛星を小型ロケットで即座に打ち上げる方法が検討されている。

2018年に開始されたDARPA《ダーパ》（アメリカ国防高等研究局）の「DARPAローンチ・チャレンジ」は小型ロケットによる迅速な打ち上げを競うもので、トップ賞金は1000万ドル。DARPAが指示してから短期間内に2回の打ち上げを行うことが条件で、しかもDARPAが指定する異なる場所から打ち上げなくてはならない。

空軍も同じような迅速打ち上げプログラムをもっている。第4章で述べたエアヴァム社が空軍と契約を結んだのも、このプログラムにもとづくものである。

こうした即応性をもつロケットの開発は、当然のことながら中国も考えている。前にも述べたように長征11号は長征シリーズの中で唯一の小型固体燃料ロケットで、有事の際には即応性をもつ打ち上げに利用可能である。また、小型の液体燃料ロケット、長征6号も同じように即応性を考えたものといえる。さらに快舟シリーズのような小型固体燃料ロケットの系列も開発している。

小型衛星のコンステレーションをあらかじめ展開しておくという考え方も注目されている。コンステレーションであれば、数個の衛星が攻撃されて機能を失っても、システム全体の機能が失われることはない。衛星数が多くなるほど、相手側の攻撃は難しくなる。コンステレーションの全衛星を破壊するのは不可能に近い。

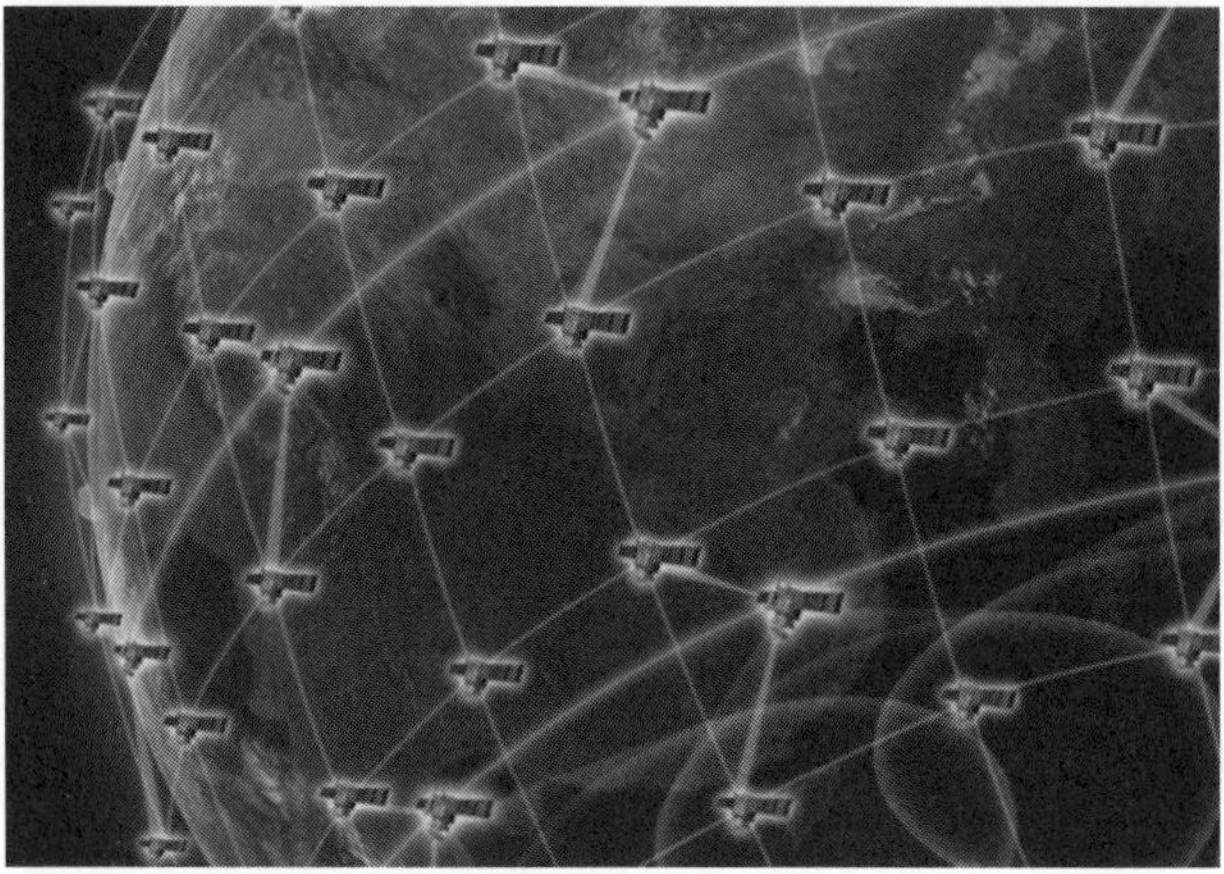

DARPAのブラックジャック計画（画像:DARPA）

現在運用されている1個ないし数個の大型軍事衛星のミッションを、安価で信頼性の高い小型衛星のコンステレーションに置き換えていくという構想のもとに進められているのが、DARPAのブラックジャック計画である。

ブラックジャック計画では既存の小型商業衛星を利用し、これにさまざまなミッションを行うペイロードを搭載して、低軌道にコンステレーションを構築しようとしている。光学センサーを搭載すれば偵察任務を行えるし、通信装置を搭載すれば、全地球をカバーできる通信ネットワークができるというわけである。ただし、DARPAは商業衛星をそのまま使うのではなく、商業衛星をベースにしながらも、軍事ミッションに適応した抗たん性の高い衛星バス（電力、熱制御、姿勢制御など衛星の基本的部分）を開発しようとしている。現在、3社に衛星バスの設計を発注しているという。またそれとは別に、ペイロード開発を行う企業と交渉中である。まずは20機ほどのコンステレーションを構築し、デモンストレーションを行う予定である。

SSAからSDAへ

自国の衛星をコ・オービタル衛星による攻撃から守るためには、相手側の不審な衛星を常時監視していることが必要になる。この観点からも、SSA（スペース・シチュエーショナル・アウェアネス）は最近、非常に重要になってきた。

SSAはもともとスペースデブリを含む軌道上の人工物体を監視し、衝突の可能性があれば警告を出すことが大きな任務であった。しかし現在では宇宙空間に、潜在的に脅威となる不審な衛星が存在する可能性がある。したがって、宇宙空間を、陸、海、空と同じような戦場ドメインと考えて監視するSDA（スペース・ドメイン・アウェアネス）が必要となってきたのである。

現在アメリカがレーダーで常時追跡・監視している人工物体は約2万個である。これらはサイズが直径10㎝以上の物体である。10㎝×10㎝×10㎝の、いわゆるキューブサットとよばれるサイズの衛星は捕捉可能であるが、中国が考えているコ・オービタル衛星は、これよりも小さなマイクロサット、あるいはナノサットとよばれるような衛星の可能性もある。

アメリカが現在建設している宇宙監視システム「スペース・フェンス」が完成すれば、直径が2㎝ほどのものまで補足可能といわれている。

アメリカ空軍はかつてアメリカ国土を東西につなぐように設置したいくつものレーダー・ステーションから構成される宇宙監視システムを運用しており、スペース・フェンスとよばれていた。しかし、このシステムは老朽化により2013年に運用を停止。その後、新たなスペース・フェンスの計画が立ち上がったのである。

新しいスペース・フェンスはマーシャル諸島のクェジェリン環礁に建設されており、2020年には稼働する予定である。複数の素子を並べたSバンドのアレイ・アンテナで、アンテナの指向性を特定の方向にだけ強くすることができるデジタル・ビームフォーミングという技術が用いられる。レーダーは送信部と受信部に分かれている。送信部のアレイ・ア

スペース・フェンスの概念図（画像:ロッキード・マーチン）

ンテナは3万6000個の素子からなり、受信用のアレイ・アンテナは8万6000個の素子からなる。

スペース・フェンスはもう1か所、オーストラリア西部にも建設されることになっている。

スペース・フェンスの完成は、SDAにとってきわめて重要な意味をもっている。一方、これまでの10倍の数の物体を監視することが可能になるため、衛星に衝突する可能性のある物体の接近予報もこれまでに比べて飛躍的に増える。そのため、衛星運用者にとっては、衝突回避運用をしなければならない頻度が急増するという点も問題になっている。

商業衛星のデータを偵察任務にも活用

地球観測を行う商業衛星のコンステレーションが登場しており、今後、さらに増える傾向にあることは第3章で説明したが、こうした商業衛星のデータを国防省の偵察任務にも使う動きが活発化している。

アメリカの「キーホール」のような偵察衛星は10㎝以下という分解能をもっている。おそらく地球上のいかなる場所も、まるでドローンで撮影したかのように鮮明に見えてしまうであろう。しかしながら、このような衛星は同じ場所の上空に戻ってくるのに早くても数日を要する（有事の際は軌道を変更して緊急観測を行うことはあるが、日常の運用では行われない）。しかも、その軌道は相手方に知られているので、相手方は衛星がいつ自分の上空に来て偵察を行うかを知っている。そうすると、秘匿性の高い重要な任務はその時間帯には行わないなどの措置をとることができる。

こうした問題を解決するには、対象物を頻繁に観測することが必要で、そのために商業衛星のコンステレーションが注目されているのである。これらのコンステレーションでは、リビジットの回数が1日に10回以上であり、複数のコンステレーションを利用すれば、きわめて頻繁に偵察を行うことが可能である。これらのコンステレーションでも解像度は1ｍから50㎝が得られているので、このレベルの解像度で常時監視を行っておき、必要に応じてキーホールなどによる詳細観測を行うという運用が可能になる。

さらに、光学衛星だけでなく、ＳＡＲ衛星のコンステレーションも登場しており、夜間のデータも入手可能になっている。また、ホークアイ360社がスタートさせた3機編隊の衛星による無線監視は、アメリカ海軍が運用しているＮＯＳＳ（海洋広域海上監視システム）の任務を小型衛星で行おうとしているもので、密漁船や不審船の監視だけでなく、相手側の艦隊の移動監視にも利用することができる。

このように、アメリカにおける小型地球観測衛星のコンステレーションが非常な盛り上がりをみせている背景には、国防省へのデータ提供が大きなビジネスになる可能性をもっているという事情もある。

ＤＡＲＰＡでは軍事衛星および商業衛星から得られる光学、レーダー、無線などのデータを統合する地理空間情報システムの構築に取り組んでいる。

第7章

進む太陽系探査計画

２０１９年11月、日本の小惑星探査機「はやぶさ2」は、小惑星リュウグウでの探査活動およびサンプル採取ミッションを終了し、地球への帰還の途についた。２０２０年末には地球に帰還し、リュウグウの物質の入ったカプセルを投下する予定である。

太陽系天体の科学探査分野でも、各国に野心的な計画がある。この章では、太陽系の天体ごとに、現在行われているミッションと今後予定されているミッションについて、説明する。

太陽

日本の太陽観測衛星「ひので」やＮＡＳＡの太陽観測衛星「ＳＤＯ」など、これまでの太陽観測衛星は、地球を周回する軌道から太陽を観測してきたが、２０１８年８月にＮＡＳＡが打ち上げた太陽観測探査機「パーカー・ソーラー・プローブ」は、太陽に接近して観測を行うことを目的にしている。パーカー・ソーラー・プローブは２０１８年11月に最初の金星フライバイを行い、太陽から約２４００万㎞まで接近した。その後さらに6回の金星フライバイを行い、7年間のミッションの間に太陽を合計24周することになっている。この間、最接近時の太陽までの距離は約６００万㎞とされており、これは太陽から水星までの距離の約10分の1にあたる。

太陽表面の温度は約6000度だが、高度数万㎞にまで広がるコロナの温度は100万度にまで達している。その原因はまだわかっていない。パーカー・ソーラー・プローブによる観測の最大の目的は、太陽にできる限り近づき、コロナがなぜそんなに高温になるのかを解明することにある。太陽に接近してコロナの謎を探るソーラー・プローブの構想はだいぶ前からあったが、太陽の高熱に耐えられる高性能の遮熱材の開発に時間がかかってしまった。パーカー・ソーラー・プローブにはさらに加圧した水を用いる冷却装置も搭載されている。

太陽は地球に最も近い恒星である。パーカー・ソーラー・プローブによる太陽物理現象の解明は、恒星の進化論にまで貢献を果たすことになるであろう。

水星

水星には1974年にNASAの「マリナー10号」がはじめて接近し、その素顔を観測した。水星の表面は無数のクレーターにおおわれており、月に似ていた。その後、水星探査はずっと行われなかったが、2011年にNASAの「メッセンジャー」探査機が、水星を周回しながら詳細な観測を行った。マリナー10号は水星表面の45%を観測したが、メッセンジャーは全球を観測し、巨大な衝突跡である直径1550㎞のカロリス・ベイスンもその全容を知ることができた。

しかしながら、水星にはまだ分からないことが数多く残されている。日本とヨーロッパによるベピコロンボ計画は、まだ解明されていない水星の謎に迫るミッションで、2018年10月、日本の水星探査機「みお」とヨーロッパの水星探査機MPOがアリアン・ロケットによって打ち上げられた。日本の探査機は主に水星の磁気圏を、ヨーロッパの探査機は水星の表面や内部構造を調べる予定である。2機の探査機は7年をかけ、2025年に水星に到着する予定である。

金星

ソ連は1970年代から1980年代にかけて「ヴェネラ」探査機シリーズによる金星の探査を行い、5機の探査機を金星表面に着陸させることに成功した。金星表面のカラー画像の取得にも成功している。表面の気圧は90気圧。表面の温度は約470℃という鉛でさえとけてしまう温度であった。

金星大気の最上層部には硫酸の雲があるため不透明で、外から光学カメラで表面の地形を観測することができない。1990年に金星に到着したNASAの「マゼラン」探査機は金星を周回しながらレーダーで表面を観測した。その結果、金星全球の地形が明らかになった。金星には大陸とよばれる広大な高地が2つある。1つは赤道付近によこたわるアフロディテ大陸、もう1つは北極の近くにあるイシュタール大陸である。イシュタール大陸には金星の最高峰、高度1万1000mのマックスウェル山がある。

金星の表面は火山や、そこから流れ出した溶岩でおおわれており、表面の年代は約5億年と非常に若い。この時期に全金星規模の大規模な火山活動があったと考えられている。

その後、金星の探査はESAの「ヴィーナス・エクスプレス」しか行われておらず、特に金星の大気現象に関しては未解明の点が多い。特に謎が多いのが「スーパー・ローテーション」である。金星大気の最上層部には秒速100mに達する非常に速い風が吹いている。そのスピードは金星の自転速度の60倍に達し、4日間で金星を1周する。この風をスーパー・ローテーションとよんでいるが、どうしてこのような猛スピードの風が発生するのかは、まだわかっていない。

現在、日本の探査機「あかつき」が金星をまわりながら観測を行っている。「あかつき」の最大の目的はこのスーパー・ローテーションの解明にある。「あかつき」はエンジンの不具合により当初予定していた金星の周回軌道には入れなかったが、中間赤外カメラ（ＬＩＲ）の観測により、スーパー・ローテーションの生成をより深く理解するために必要なデータが初めて取得された。「あかつき」は２０２０年度までの運用を予定している。

何年も前から、ロシアには「ヴェネラＤ」とよばれる金星探査計画があるとされる。しかし、その実現性は今のところ明らかではない。

月

月面にふたたび人間が降り立つ時代を間近に控え、月を目指す探査機は純粋な科学目的よりも、有人月着陸技術の習得や月面での水その他の資源物質の探索に重点が移りつつある。

中国は無人月探査機、嫦娥5号を２０２０年に打ち上げ予定で、リュンカー山に着陸し、サンプル・リターンを行う予定である。リュンカー山は過去に火山活動があった場所で、科学的に興味深い探査対象といえる。しかし嫦娥シリーズも6号以降の着陸場所は、将来の有人活動に備え、南極域になっていくとみられる。

月着陸機ペレグリン（画像:アストロボティクス）

探査ローバー「ヴァイパー」（画像:NASA）

ＪＡＸＡは将来の月惑星探査に必要なピンポイント着陸技術と小型で軽量な探査機システムの実現を目指す小型月着陸実証機ＳＬＩＭを、２０２０年度に打ち上げる予定である。着陸目標地点は「神酒の海」付近にある小型クレーター、ＳＨＩＯＬＩ（「栞《しおり》」から命名された）の近くで、月周回衛星「かぐや」によって発見された月のマントル物質の可能性があるカンラン石が露出している地域である。月の内部に関する情報が得られるかもしれない。

ＪＡＸＡはその後の月ミッションとして南極域を目指す「セレーネR」を検討している。ロシアはソ連時代の１９６０年代から１９７０年代に、「ルナ」探査機シリーズによる月探査を行ったが、ルナ計画は１９６７年に打ち上げられたルナ24号を最後に終了した。しかし最近、新たなルナ計画がスタートしている。ルナ25号とルナ27号は月着陸機、ルナ26号は月周回機になるという。ルナ25号は２０２１年打ち上げを計画している。

ＮＡＳＡはアルテミス計画に関連して、民間企業と「商業月ペイロード輸送サービス（ＣＬＰＳ）」の契約を結んでいる。今後、このプログラムにより、小型の実験装置やローバーなどが月面に運ばれることになるであろう。アストロボティクス社は２０２１年に月着陸機「ペレグリン」をヴァルカン・ロケットで打ち上げる予定。２０２２年12月から

100日間にわたって月の南極で水の探査を行うローバー（移動探査車）「ヴァイパー」も、CLPSにもとづく輸送サービスで月に運ばれる。

火星

アメリカは1976年に火星に軟着陸したバイキング計画以降、継続的に火星探査を行い、多くの火星周回機を火星に送り込んできた。1997年に火星に軟着陸した火星探査機「マーズ・パスファインダー」は小型ローバー「ソジャーナー」を搭載していた。ソジャーナーは重量わずか10kgの小さなローバーであったが、火星を移動した最初のローバーとなった。パスファインダー計画は、その名の通り、火星探査に新しい道を開くものとなった。

火星は惑星科学の立場から非常に重要な天体であると同時に、かつて生命が存在したかもしれないという、特別の関心の対象となる天体でもある。さらに月の次の、有人宇宙飛行の目的地でもあり、今後の火星探査活動とその成果はきわめてエキサイティングなものになるであろう。

2004年、アメリカは双子の火星ローバー「スピリット」と「オポチュニティ」を火星に軟着陸させた。スピリットが着陸したのは火星の赤道付近のグセフ・クレーター、オポチュニティが着陸したのは、ちょうどその裏側にあたるメリディアニ平原であった。

現在の火星は寒く乾燥した惑星であるが、火星を周回する探査機の観測によって、水が流れたと考えられる地形が数多くみつかっている。火星にもかつて大量の水が存在し、地球と同じような生命に適した環境が存在したと考えられる。スピリットとオポチュニティの任務は、火星に水が存在したことを示す実際の地質学的証拠を探すことであった。

スピリットとオポチュニティは火星表面で探査活動を行った初の本格的ローバーであり、着陸以降、火星の地形、土壌、岩石などに関する新たな発見を次々と地球に送ってきた。ミッション予定期間は3か月であったが、それをはるかに超えて活動を続けた。

スピリットは2010年、砂地に車輪が入り込んで脱出できなくなり、2011年に運用は終了した。一方、オポチュニティはその後も活動を続け、水の存在下で生成されるヘマタイトという鉱物を発見。さらにエンデヴァー・クレーターで古代に水の活動があった証拠を発見するなどの成果をあげた。

2018年5月、火星で大規模な砂嵐が発生し、火星全表面をおおった。このため、オポチュニティと地球との交信は6月10日を最後に途絶えた。砂嵐によってオポチュニティ太陽電池が発電できなくなり、電源喪失状態になったためである。オポチュニティとの交信は結局回復せず、２０１９年2月、着陸から15年を経て、ＮＡＳＡはオポチュニティのミッション終了を発表した。

オポチュニティとその双子のローバー、スピリットの火星での活躍は、現在の本格的な火星探査の時代を開いたといえる。現在、火星で活動しているＮＡＳＡの火星ローバーは、２０１２年にゲール・クレーター内に着陸した「キュリオシティ」である。キュリオシティは重量が１ｔ近くもあるため、軟着陸には「スカイクレーン」が使われた。スカイクレーンは4基の逆噴射ロケットをもつプラットフォームで、これでキュリオシティを吊り下げて目的地点に着陸させた。

キュリオシティが着陸したゲール・クレーターはかつて水をたたえていた場所で、クレーター中央のシャープ山の斜面には過去30億年にわたる地層が露出している。キュリオシティはこの地層を調べながら、火星の水の歴史を解明しようとしている。キュリオシティはまた、岩石から複雑な有機物を発見した。さらに、火星大気中の微量なメタンや酸素の濃度が季節変動していることも発見した。こうした現象が生命由来のものであるかどうかは今後の確認が必要だが、火星が非常に興味ある天体であることがわかる。

2018年、NASAの火星探査機「インサイト」がエリシウム平原に着陸した。インサイトは火星の内部を探査するための探査機で、火星表面下にプローブを挿入し、内部の熱流量と地震（火星震）を観測する。アポロ計画では月面に設置された地震計によって月の地震（月震）が観測され、月の内部構造に関して貴重な情報が得られた。インサイトも同様に火星内部の情報をもたらしてくれると期待されている。すでにドリルによる掘削が開始されている。

スピリットとオポチュニティのミッションは「火星に水が存在した」ことを明らかにすることを目的にしていた。キュリオシティは「火星に存在したかもしれない生命の痕跡となる有機物を見つける」ことが目的とされた。NASAが2020年7月に打ち上げる火星探査機「マーズ2020」では、いよいよ火星に生命が存在したかどうかを直接調べることが大きな目的になっている。そのため、生命発生や繁殖に関連した温泉ないし鉱泉が存在したと考えられる場所が着陸候補場所となり、最終的にジェゼロ・クレーターが着陸場所として選ばれた。

NASAは着陸場所を30以上の候補の中から最終的に3つに絞っていた。コロンビア・ヒルズ、大シルチス北東部、そしてジェゼロ・クレーターである。

スカイクレーンで降下するマーズ2020（画像:NASA）

コロンビア・ヒルズは、スピリットが探査した場所である。スピリットは多くの科学的成果を上げたが、水が存在した証拠を見つけることはできないまま活動を停止した。しかし、その後のデータ解析により、コロンビア・ヒルズの岩石に、かつて鉱泉が存在した証拠が発見されたのである。

大シルチスは望遠鏡による観測で昔から知られていた高地である。その北東部では、火星に活発な火山活動があった時代に地下の熱源が表面の氷を溶かし、湖沼がつくられていたと考えられている。微生物が繁殖していたかもしれない。

ジェゼロ・クレーターも大シルチスの北東部にあり、過去、湖になっていた場所である。

この3つの候補地点の中から選ばれたジェゼロ・クレーターは、非常に興味深い場所である。ジェゼロ・クレーターの直径は約45㎞である。このクレーターは研究者が以前から注目しており、マーズ2020の着陸場所として強く推してきた経緯がある。今から42億〜37億年ほど前のノアキアンとよばれる時代には、火星表面に大量の水が存在したと考えられている。ノアキアン後期には、ジェゼロ・クレーターは大シルチスから継続的に流れ込む水によって湖になっており、クレーターからあふれた水は、東にあるイシディス平原の低地へと流れ出していた。

大シルチスからの水がクレーター内に流れこむ場所には扇状地がつくられている。火星を周回する探査機MROの観測データから、この扇状地の堆積物は鉄やマグネシウムを含む粘土鉱物であることがわかっている。この粘土鉱物はクレーターに存在した成分ではなく、高地から流れこんだ成分によるものである。したがって、ノアキアンの時代の火星に原始的な微生物が誕生していたとすると、クレーターに流れてきた水に含まれていた微生物が扇状地の堆積物にたまっていた可能性がある。とすれば、今もその痕跡が残っているかもしれない。

マーズ2020ミッションの大きな目的は、生命の痕跡の調査にあるが、さらに火星の気候や地質の調査、将来の有人火星探査にそなえた実験も行う。また、マーズ２０２０のアームの先端には火星の土壌や岩石を採取する装置があり、30～40か所でサンプル採取を実施する。このサンプルは将来のサンプル・リターン・ミッションで地球にもち帰るため、火星上に保管される。

マーズ２０２０のサイズは全長３m、幅２・７m、高さ２・２m。重量は約１tあるため、火星着陸にはキュリオシティと同じくスカイクレーンが使われる。マーズ２０２０はクレーターの西側にある扇状地のすぐ東側の比較的平坦な場所に着陸することになる。ただし、ジェゼロ・クレーターはそれほど大きくなく、クレーターの周囲は崖で、内部には起伏のある地形や深い砂地もある。おそらく着陸ターゲットとなる楕円は長径が10数㎞となり、かなりのピンポイント着陸が必要になると考えられている。ジェゼロ・クレーターは安全に着陸することが困難とされてきた。しかしＮＡＳＡによると、スカイクレーンを使用した着陸技術は向上しているという。降下の際に、火星表面の地形と自機がもっている火星地形図とを照合して位置を把握するシステムなどが採用され、クレーター内の目的とした場所に正確に着陸可能とのことである。

ＥＳＡは火星探査計画「エクソマーズ」を進めている。２０２０年には火星の生命探査

ロザリンド・フランクリン（画像:ESA）

を行うエクソマーズの火星ローバー、「ロザリンド・フランクリン」が打ち上げられることになっている。「ロザリンド・フランクリン」はロシアとの共同計画で、打ち上げにロシアのプロトン・ロケットが使われる。着陸場所は赤道付近のオキシア平原で、過去に水が存在したと考えられている。

火星と地球の軌道の関係から、火星探査機の打ち上げに適した機会は約2年ごとに訪れる。2020年の打ち上げ機会には、さらに中国の着陸機「真容」と、アラブ首長国連邦（UAE）の火星探査機HOPEも打ち上げられる予定である。

日本では2020年代前半の打ち上げを目指して、火星衛星探査計画（MMX）の研究開発が行われている。火星にはフォボスとダイモスという2つの衛星がある。MMXでは火星とこれらの衛星を観測し、フォボスとダイモスのどちらかからサンプル採取を行い、地球にもち帰ることを考えている。

小惑星

2010年6月、日本の小惑星探査機「はやぶさ」はさまざまなトラブルに見舞われながらも60億㎞の旅の末に、「イトカワ」から世界ではじめて小惑星物質を地球にもち帰った。小惑星探査機「はやぶさ2」は、リュウグウに2回のピンポイント・タッチダウンを行い、リュウグウの物質を採取した。特に2回目のタッチダウンでは、あらかじめ衝突体を衝突させて人工クレーターをつくり、その衝撃で飛び散ったリュウグウ内部の物質を採取することに成功している。

小惑星は太陽系の惑星が形成されていく過程で、惑星にまで合体・成長できなかった小天体である。その岩石成分は太陽系初期の情報を保存していると考えられている。そのため、小惑星の近距離からの観測やその物質の分析は、太陽系の歴史を研究するための貴重な材料になる。

「はやぶさ」は小惑星イトカワの内部に空隙が多いことを明らかにした。イトカワは過去に衝突で一度ばらばらになった後、ふたたび集積したと考えられている。また、地球にもち帰られた微粒子の分析から、宇宙空間にさらされた物質が太陽風や微小隕石の影響を受ける「宇宙風化作用」のプロセスが明らかになった。「はやぶさ2」がその物資をもち帰るリュウグウはC型の小惑星である。C型小惑星は水や有機物を含むタイプの小惑星であり、リュウグウ物質の分析は、太陽系における生命の起源の研究に新しい知見をもたらす可能性がある。

「はやぶさ」の成果を受けて、アメリカとヨーロッパではその後、小惑星ミッションが次々と生まれた。NASAの「オサイリス・レックス」は「はやぶさ」と同じく、小惑星からのサンプル・リターンを目指すもので、2018年に小惑星ベンヌに到着した。2020年にサンプルを採取し、2023年に地球帰還の予定である。

NASAでは今後の小惑星ミッションとして、次のような計画を進めている。

その1つは「ルーシー」で、トロヤ群の小惑星を探査する。トロヤ群の小惑星は木星の軌道上にあり、太陽と木星とトロヤ群が正三角形になり、重力的につり合う点、すなわちラグランジュ点に分布している。ラグランジュ点は木星の公転方向の前方と後方の2か所に

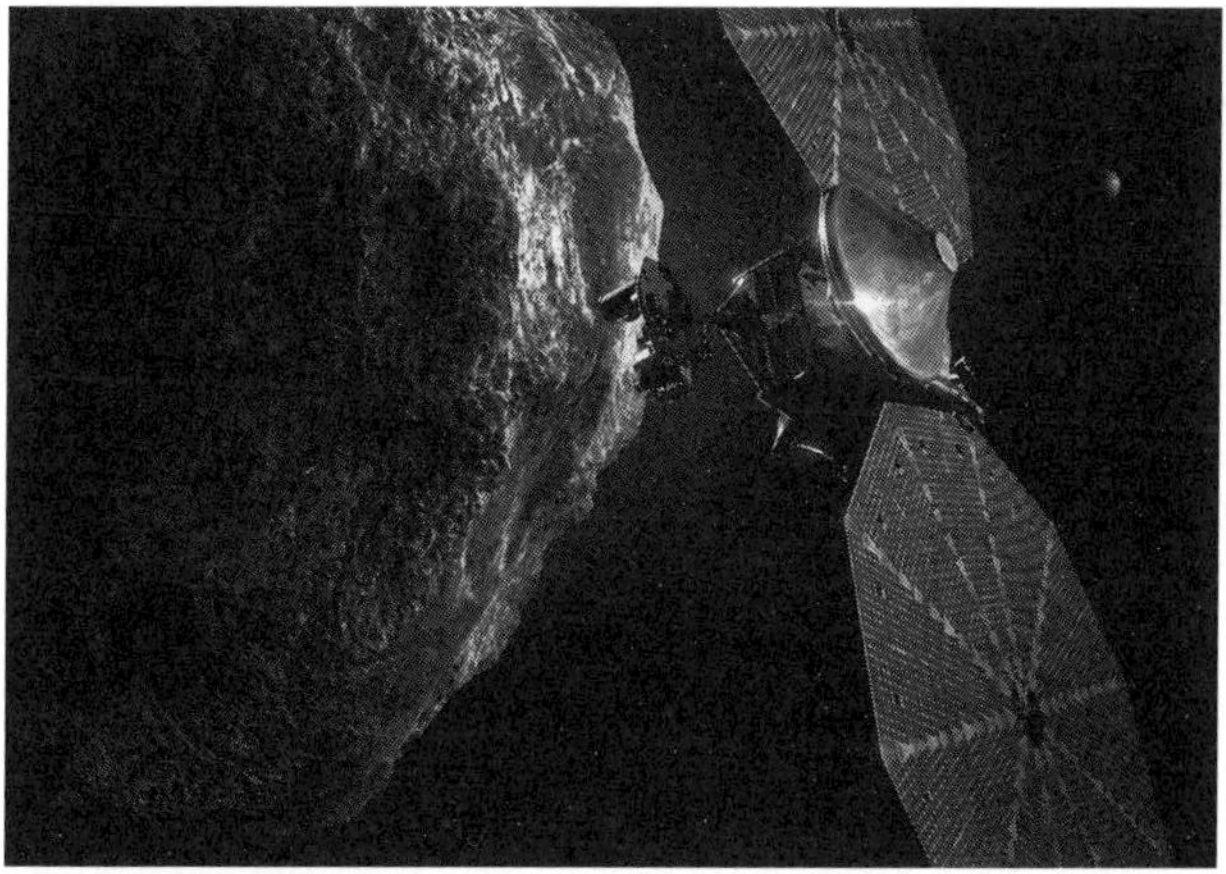
ルーシー（画像:NASA）

ある。木星の前方がL４群で約３０００個の小惑星がある。後方のL５群には約２０００個の小惑星がある。

ルーシーは２０２１年打ち上げの予定で、地球を2回スイングバイした後、２０２７〜２０２８年にL４群と４回のランデブーを行い、トロヤ群小惑星を近距離から観測する。その後、ルーシーは地球スイングバイで大きく軌道を変更し、２０３３年にL５群とランデブーすることになっている。

トロヤ群の小惑星は40億年前の始原的な天体がそのまま残ったものだと考えられている。そのため、このミッションの名前は、アフリカで骨格が発見された約３００万年前のヒトの祖先「ルーシー」からとられている。

「プシケ（サイキ）」は、火星と木星の間をまわる小惑星プシケを訪れる探査機である。この小惑星は鉄とニッケルだけでできており、始原天体の核ではないかと考えられている。地球を含め岩石型の惑星は鉄とニッケルからなる中心核をもっている。しかし、その核を直接調べることは不可能である。プシケを探査することによって、岩石型惑星の核はどのようなものなのか、さらにはそれがどのようにしてできたかを知ることができる。プシケは2022年打ち上げ、プシケ到着2026年を予定している。

これらは太陽系の起源を探るミッションであるが、これとは別の目的をもつ小惑星ミッションもある。小惑星の中には地球に接近する軌道をとるものがあり、NEO（地球近傍天体）とよばれている。6600万年前に恐竜を絶滅させたのもNEOであった。現在のところ、地球に衝突する軌道をとるNEOは出現していないが、将来、そのようなNEOが発見された場合には、できるだけ早い機会に、そのNEOの軌道を変更させなくてはならない。このようなプラネタリー・ディフェンス、すなわち「地球防衛」のためには、地球に接近する小惑星の組成や内部構造、衝撃を与えた時のクレーターの出来具合、軌道変更の度合いなどについて知っておく必要があるのだ。

NASAのDARTは、衝突によって小惑星の軌道を変更させるミッションである。ディディモスは直径780mほどの小惑星で、そのまわりを直径160mほどの小天体がまわっている。このディディモスの「月」が、DARTのターゲットである。DARTは2021年に打ち上げられ、2022年にディディモスに到着し、秒速約6・6kmでディディモスの月に衝突する。その衝撃でディディモスの月の軌道はわずかに変化するはずで、これを地上の光学望遠鏡やレーダーで精密に測定することになっている。

ESAが計画している「ヘラ」は、このDARTと連携したミッションで、2024年に打ち上げられる予定である。2026年にディディモスに到着し、衝突跡の詳しい観測を行うことになっている。

木星

木星には1979年にNASAの「ボイジャー1号」と「ボイジャー2号」が訪れている。また1995年から2003年にかけては、ガリレオ探査機が木星を周回しながら観測を行った。現在は、「ジュノー」探査機が木星を周回しながら観測を行っている。ジュノー探査機の大きな目的は木星の大気と磁気圏の観測である。

有名な木星の大赤斑は、巨大な高気圧で反時計回りに回転している。1830年に観測されて以来、すでに350年以上存在している。ボイジャーが観測したころの大赤斑のサイズは、地球の直径の2倍以上あったが、21世紀に入ってからは次第に縮小している。ジュノーは大赤斑に接近して観測し、はげしく複雑な渦の様子を明らかにしたが、その時の大赤斑のサイズは長径が1万6350㎞で、地球の直径の1・3倍でしかなかった。

木星の4大衛星、イオ、エウロパ、ガニメデ、カリストはガリレオ・ガリレイが望遠鏡で発見したことからガリレオ衛星とよばれている。ガリレオ衛星のうち、エウロパとガニメデは、氷に覆われた表面の下に海（液体の水の層）をもっていると考えられている。木星の引力による潮汐力のために、衛星がもまれて内部に熱が発生し、氷の下の層がとけて液体になっているのである。もしかすると、カリストにも海があるかもしれない。

後述するように、土星の衛星エンケラドスでは、「カッシーニ」探査機によって水のプルーム（噴出流）が発見された。木星の衛星エウロパでは、ハッブル宇宙望遠鏡によって、南極域から噴き出す水のプルームが観測されている。エウロパ内部の海から氷の層の亀裂をつたって液体の水が上昇し、プルームとなって宇宙空間に噴き出していると考えられる。プルームは高さ160㎞にも達するという。さらに、ハワイのマウナケア山頂上にあるケック天文台の大型望遠鏡を使った観測でも、エウロパから噴出していると考えられる水分子

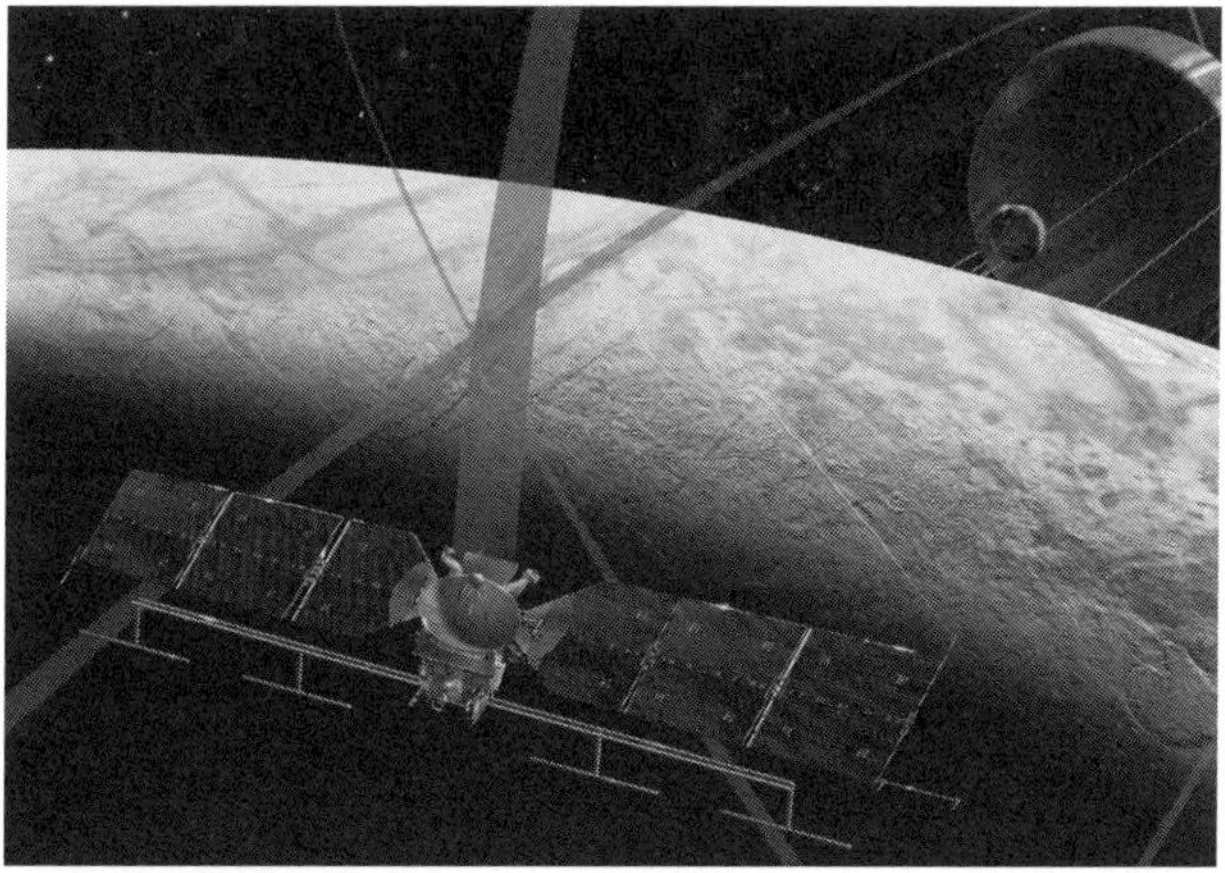

エウロパ・クリッパー（画像:NASA）

の存在が確認されている。

地球の深海底に存在する熱水鉱床と同じように、エウロパやガニメデ、あるいはエンケラドスの海の底には、内部から熱水やミネラル分が噴出してくる場所があるのかもしれない。とすればそこは生命誕生の可能性がある場所とも考えられる。こうして、今や、太陽系の新たな「オーシャン・ワールド」が科学者の注目を集めるようになった。

NASAは2020年代に「エウロパ・クリッパー」という探査機を打ち上げる計画をもっている。この探査機は木星を周回しながら、いくつものセンサーを用いてエウロパの表面、内部構造、海、薄い大気に関する観測を行う。さらにエウロパに十分接近し、噴出

ジュース（画像:ESA）

しているプルームの成分を高性能の質量分析計で観測する。エウロパ・クリッパーの観測データは、将来のエウロパ着陸機の着陸場所の決定にも大きな役割を果たすことになる。

一方、ESAは木星氷衛星探査機「ジュース（JUICE）」の計画を進めている。この探査計画は木星およびエウロパ、ガニメデ、カリストという内部に海をもつと考えられる氷衛星を探査するもので、アメリカや日本もこの計画に参加している。2022年に打ち上げられ、2029年に木星周回軌道に到達してカリストやエウロパのフライバイを行い、2032年にガニメデを周回する軌道に入ることになっている。

土星

土星には1980年にNASAのボイジャー1号が、1981年にボイジャー2号が訪れている。

1997年に打ち上げられ、2004年に土星に到着し、以後13年間にわたって土星とその環、そして衛星を観測したカッシーニ探査機は、大きな成果をあげたミッションであった。

土星大気のはげしい流れが観測され、その中で発生する白い渦も確認された。北極には六角形をした不思議な定常渦があることも明らかになった。土星の環の微細構造も明らかにされた。土星の環は地球からはAリングとBリングしか見えないが、実際はAリングからFリングまで7つの環で構成されている。土星の環は無数の細い環が順番に並んでつくられていて、ところどころに隙間がある。氷と岩石の細かい粒からつくられ、厚さは10m以下と非常に薄い。

衛星タイタンは大気をもち、その上層にはオレンジ色のかすみがかかっているため、表面を見ることはできない。しかし、カッシーニはそのミッションの初期に「ホイヘンス・

プローブ」をタイタン表面に軟着陸させることに成功している。降下の途中に取得された画像から、タイタンには山や谷、川が流れたような跡、海か湖のようになめらかな平地など、地球に似た地形が存在することがわかった。ホイヘンスが着陸した平地には、丸い小石のようなものが点在していた。また、大気中にはそれまでの予測通り、メタンの雲が存在し、メタンの雨が降っていることもわかった。

カッシーニはタイタンに何度も接近しながら、近赤外線の領域でタイタンの表面を観測し、全球の地形も明らかにした。タイタンには赤道域に2つの大きな高地、すなわち大陸のような地形がある。その1つはシャングリラと名付けられており、ホイヘンス・プローブは、この領域に軟着陸した。シャングリラの東には、赤外線で明るく見える平地が広がっており、ザナドゥと名付けられている。

さらにレーダー観測によって、液体のメタンの湖も発見された。メタンの湖は主に北極域や南極域で多く発見されているが、赤道域にも存在している。

カッシーニはさらに、衛星エンケラドスで間欠泉を発見した。エンケラドスの南極付近から氷の粒が噴き出していたのである。エンケラドスの内部に液体の水の層、すなわち海があり、割れ目から上昇した水が氷の粒となって噴き出していたわけである。

カッシーニが南極域からのプルームをサンプリングし、質量分析器で調べたところ、プルームの成分の大部分は水であったが、有機化合物が含まれ、さらに水素も存在していた。エンケラドスの海の底には、内部から熱水やミネラル分が噴出してくる場所があり、水素もそこで発生していると考えられる。そうであれば、水素をエネルギー源とする生命が誕生している可能性も否定できない。

２０１７年4月26日、カッシーニのミッション終了に向けた軌道変更が行われた。土星を22周回後、同年9月15日に土星大気に突入させるための軌道変更である。タイタンやエンケラドスなど生命存在の可能性のある衛星に落下して環境を汚染しないよう、軌道変更の燃料があるうちに行われた措置であった。9月15日、カッシーニは次第に濃くなる土星大気の中で分解し、燃えつきた。カッシーニから届く電波は日本時間で9月15日午後8時55分ごろに停止。土星から地球まで電波が届く時間を考えると、カッシーニは日本時間の同日午後7時32分ごろに通信機能を失ったことになる。

今後の土星探査について、ＮＡＳＡは野心的なミッションを決定している。土星の衛星タイタンで有機物の存在を探索する「ドラゴンフライ」である。ドラゴンフライはタイタンの表面を回転翼によって移動することができ、必要な場所に着地して生命の素材である有

ドラゴンフライ（画像:NASA）

機物のサンプル採取と分析を行う。ドラゴンフライは地球以外の天体ではじめて回転翼機が飛ぶミッションであり、NASAのブライデンスタイン長官は「ドラゴンフライ・ミッションで、NASAは誰もできなかったことをふたたび実現するだろう」と述べている。

タイタンの大気は地球大気の4倍の濃度があるが、重力は小さいため、回転翼での飛行に適している。また、タイタンの環境は初期の地球と似ているため、太陽系の生命の起源に関する貴重な情報が得られると期待される。

ドラゴンフライは2026年に打ち上げられ、2034年にタイタンに到着する予定である。ドラゴンフライはまずシャングリラに降りる。ここから約8㎞ごとに飛行と着陸を繰り返し、最後にセルク・クレーターを目指すことになっている。セルク・クレーターはシャングリラの北域に位置し、タイタンで非常に目立つクレーターの1つである。カッシーニの観測で、過去に水と有機物が存在したと考えられている。水素や酸素、窒素などの分子を材料にした生命のスープがつくられていたかもしれない。

このように、火星ばかりでなく、木星や土星の探査においても、今後は太陽系における生命の存在を探るミッションが増えてくる。

あとがき

本書に最後までお付き合いいただいた方にはおわかりのように、世界の宇宙開発はこれまでは考えられなかった勢いで動いており、数年先がどうなるかを読めないほどである。本書で説明できなかったことも多々あるが、その一端をご理解いただければ幸いである。

これまで宇宙に行った経験をもつ人は５００人あまりしかいない。しかし２０２０年代には、誰もが宇宙に行ける時代が実現するであろう。そのための新たな技術の開発や、宇宙企業のきびしい競争が展開されている。

日本にも、宇宙を目指すベンチャーがいくつも生まれている。これらの企業もこうした競争に生き残らなくてはならないが、日本は高いレベルの宇宙技術を有している。日本の企業が、世界に伍して活躍することを期待したい。

本書の出版にあたっては、イースト・プレスの高部哲男氏、マイストリートの高見澤秀氏、豊岡昭彦氏にお世話になった。お礼を申し上げたい。

寺門和夫

イースト新書Q

Q063

宇宙開発《うちゅうかいはつ》の未来年表《みらいねんぴょう》

寺門和夫《てらかどかずお》

2020年1月20日　初版第1刷発行

DTP　小林寛子
編集協力　有限会社マイストリート
編集　髙部哲男
発行人　北畠夏影
発行所　株式会社イースト・プレス
東京都千代田区神田神保町2-4-7
久月神田ビル　〒101-0051
tel.03-5213-4700　fax.03-5213-4701
https://www.eastpress.co.jp/
ブックデザイン　福田和雄（FUKUDA DESIGN）
印刷所　中央精版印刷株式会社

ISBN978-4-7816-8063-7